矿山地下工程教育部工程研究中心资助

深部巷道局部弱支护效应分析与围岩控制技术研究

张金松　张松涛　著

U0337693

中国矿业大学出版社

·徐州·

内 容 提 要

本书建立了软岩巷道局部弱支护理论分析模型,利用自制的岩石高压蠕变测试系统,完成深部巷道围岩变形演化试验,得到岩石黏弹塑性应变特性、蠕变速率变化规律以及围压对岩石蠕变影响规律;根据大跨度空间壳体结构的力学原理,设计了三维网壳支架,研制了地面专用加工模具,制订了施工技术要求与加工技术规范;设计的全封闭三维网壳锚喷结构能够充分发挥材料的特性,可缩性好,承载力高,消除了巷道局部弱支护的影响,较好地解决了软岩巷道支护难题。

本书可供从事采矿工程、岩土工程、隧道工程等领域的工程技术人员、科研工作者及高校师生参考使用。

图书在版编目(C I P)数据

深部巷道局部弱支护效应分析与围岩控制技术研究 /
张金松,张松涛著. —徐州:中国矿业大学出版社,
2022.5

ISBN 978-7-5646-5391-0

Ⅰ.①深… Ⅱ.①张… ②张… Ⅲ.①巷道支护—研究②巷道围岩—围岩控制—研究 Ⅳ.①TD353②TD263

中国版本图书馆 CIP 数据核字(2022)第 073510 号

书　　名	深部巷道局部弱支护效应分析与围岩控制技术研究
	Shenbu Hangdao Jubu RuoZhihu Xiaoying Fenxi Yu Weiyan Kongzhi Jishu Yanjiu
著　　者	张金松　张松涛
责任编辑	杨　洋
出版发行	中国矿业大学出版社有限责任公司
	(江苏省徐州市解放南路　邮编221008)
营销热线	(0516)83884103　83885105
出版服务	(0516)83995789　83884920
网　　址	http://www.cumtp.com　E-mail:cumtpvip@cumtp.com
印　　刷	徐州中矿大印发科技有限公司
开　　本	787 mm×1092 mm　1/16　印张 8　字数 204 千字
版次印次	2022 年 5 月第 1 版　2022 年 5 月第 1 次印刷
定　　价	45.00 元

(图书出现印装质量问题,本社负责调换)

前　言

随着煤炭开采逐渐向深部发展,深部高应力软岩巷道的支护与维护问题变得突出,出现了深井高地应力、巷道围岩变形大、岩体间裂隙严重发育、巷道围岩破碎松散等一系列复杂问题,因此如何解决各类深部复杂高应力巷道围岩的支护问题成为急待解决的难题。研究深部巷道围岩变形破坏特点、支护结构与围岩间的相互作用机理和开发新型巷道支护技术具有深远意义。

本书利用 RMT 岩石力学测试系统和高温高压蠕变仪,对深部巷道围岩进行了基本力学性质测试和蠕变试验研究,分析了岩石蠕变试验数据,获得了岩石的轴向应变随时间变化的规律、黏弹塑应变特性、蠕变速率变化规律及围压对岩石蠕变影响规律,研究结果表明:围压对岩石蠕变有明显约束作用,增大围压能够延迟岩石蠕变破坏时间。

本书利用弹塑性力学和岩石力学等理论知识,建立了圆形断面巷道的力学计算模型,结合软岩巷道围岩支护特点,推导出在巷道底板 2β 角度范围内发生弱支护的情况下所产生的整个巷道围岩应力场和位移场的分布规律,得到局部弱支护巷道的位移和应力解析解。提出了三维网壳锚喷支护结构,基于壳体结构原理,对开口圆柱形壳进行研究,建立四边铰支的短柱薄壳结构模型,推导出壳体结构的应力表达式。研究结果表明:三维网壳锚喷结构能够改善材料的受力性能,自身具有柔性让压的特点,消除局部弱支护影响,提高了支护结构的整体稳定性。

本书对单片三维网壳衬砌结构和整架结构进行了相似模型试验,分析了模型结构的承载力、变形破坏形态与发展规律。试验结果表明:三维网壳支架钢筋受力良好,主弧筋、桥架钢筋以受拉为主,其他以受压为主。混凝土抗压性能发挥得较充分,能够充分发挥材料的特性。整架三维网壳衬砌结构的承载力较高。利用 Midas/GTS 数值分析软件对三维网壳锚喷支护结构支护段巷道进行了数值模拟,数值模拟结果表明:采用网壳衬砌的巷道围岩的整体变形量小,围岩处于良好的受力状态之中。网壳锚喷结构受力均匀,能够削弱支护巷道围岩的局部应力集中,可以改善围岩的应力分布,减小了围岩位移量,支护结构的承载能力得到大幅度提高。

三维网壳锚喷支护结构成功应用于淮南矿业集团潘三矿试验段巷道。设计了网壳支架地面专用加工模具,制订了施工技术要求与加工技术规范,完成了现场监测和效果评价。工程应用表明:三维网壳锚喷支护是一种结构新颖、性能优良、支撑力高、成本低的支护结构。该支护结构与围岩相互作用的整体性好,能够延长围岩的自稳时间,有利于充分发挥围岩自身的承载能力,为软岩巷道支护提供了一种新的支护技术,社会效益和经济效益显著。

本书研究内容是依托安徽理工大学科研平台完成的,得到了矿山地下工程教育部工程研究中心的资助。

著 者

2021 年 10 月

目　录

1 绪 论

1.1 研究背景

煤炭是我国的主要能源,经过长期大规模的开采之后,开采条件较为优越的煤炭资源已逐渐减少,因此要想提高产量,就必须开采那些赋存条件差、埋藏深度大的煤炭资源,这就意味着今后的采掘工作将在高地应力、围岩条件较差的环境中进行。根据我国煤炭资源的相关调查,埋藏在 1 000 m 以下的煤炭资源储量大概为 29 500 万亿 t,占煤炭资源总储量的53%,这个比例相当高,意味着今后煤炭资源的开采将在 1 000～1 500 m 的深度下进行。尤其是在经济发达的华北、华东地区,有着丰富的煤炭资源和悠久的开采历史,那些开采条件优越的浅部煤层已得到充分的开采,安徽、山东、河北和河南等地已经开始开采埋深1 000 m 以下的煤层,其中安徽淮南矿业集团的一些煤矿的开采深度已经超过了 1 000 m。随着煤炭开采深度越来越大,深部高应力软岩巷道的支护和维护问题显得越发突出,因此能否解决深部高应力软岩巷道的支护问题,是我国煤炭开采向纵深发展和确保安全生产的关键[1-3]。

尽管巷道支护理论和支护技术在近些年取得了巨大发展,但是深部软岩巷道支护仍然是薄弱环节,出现了深井高地应力、巷道围岩变形大、岩体间裂隙严重发育、巷道围岩破碎松散等一系列复杂问题,因而引起了众多科研单位和生产部门的普遍关注。煤矿生产建设的发展趋势迫切需要对软岩巷道进行支护,特别是对高应力软岩巷道支护继续进行深入研究,寻求解决高应力软岩巷道支护的合理方法和有效途径。因此,研究深部围岩变形破坏特点和围岩与支护结构相互作用机理,开发与之相适应的新型支护技术具有深远意义[4-10]。

1.2 深部巷道围岩破坏变形和支护技术研究综述

1.2.1 深部巷道围岩破坏变形的研究现状

随着开采条件优越的煤炭资源逐渐减少,为了满足社会对煤炭资源的需求,煤炭资源的开采逐渐向深部转移。因为各国的煤炭开采条件不同,管理和技术水平存在差异,所以每个国家对煤炭开采临界深度的划定界限存在相当大的差异,定义和概念也不尽相同。有着深井开采历史的国家一般认为深井开采为矿山开采深度达到 600 m 以上。苏联一些专家认为巷道围岩在深度达到 600～700 m 及以上时围岩变形量将会增大,所以开采深度达到 600 m 以上时属于深井开采;波兰和英国专家把深井开采深度定为 750 m,日本专家定为 600 m;而如加拿大、南非等采矿业发达的国家,他们把矿山开采的临界深度定为 800～1 000 m。德国专家把临界开采深度定为 800～1 000 m,而且引入极限深度,即巷道围岩开始产生掘进移近量时的开采深度,并认为开采深度达到 1 200 m 以上的开采称为大深度开采或者超深井开采。随着矿山进入深井开采[11-17],巷道围岩变形破坏特点与浅部围岩相比有着显著不同,如变形速率大、持久时间长、变形量大的软弱围岩流变特点。目前针对深部巷道围岩变形破裂机理的研究成果较多,主要体现在理论分析、岩样试验和模拟研究等方面。

(1) 理论研究

针对巷道围岩变形破裂机理的研究主要以弹塑性理论为主,弹塑性分析方法又称为极限平衡分析方法,是巷道围岩变形破坏机理研究的理论基础。芬纳于 1938 年利用莫尔-库仑准则最早将地下巷道简化为各向等压、各向同性的轴对称平面应变模型,用其分析地下巷道围岩在弹塑性状态下的应变、应力、位移与支护强度、围岩强度和围岩应力的关系。芬纳(Fenner)和卡斯特纳(H. Kastner)以理想弹塑性模型和围岩破坏后体积不变的假设为基础,得到了地下圆形巷道的围岩特性曲线方程,推导出围岩弹塑性区应力和半径的卡斯特纳方程,即著名的卡斯特纳公式。之后,针对巷道围岩变形破裂机理和稳定问题,我国的学者开始应用黏弹性理论、弹塑性理论及其他相关理论展开研究。

孙均等[18]、陈宗基等[19]、王仁等[20]、朱维申等[21]学者,从黏弹塑性角度研究围岩的应力分布、变形和失稳,根据连续介质理论研究围岩,把围岩当作各向同性、均质、连续的材料来研究。经典力学教材及著作中以岩石塑性应力、弹性变形作为基本内容,或在弹塑性范围内研究围岩的力学问题[22-25]。20 世纪 60 年代,于学馥[26]开创性地提出"轴变论",从弹性理论方向,利用连续介质理论研究了围岩变形破坏的发生及发展过程,认为巷道围岩所受应力超过了自身的弹性极限从而引起破坏,导致巷道围岩应力重新分布。在分析围岩在破裂变形过程中的残余变形阶段和弱化阶段的基础上,于学馥等[27]和袁文伯等[28],岩体应变软化后,采用理想的弹塑性软化模型进行分析;刘夕才等[29-30]采用非关联流动法则和莫尔-库仑屈服准则研究了围岩的塑性扩容特性;付国彬[31]研究了围岩的破裂区体积膨胀特性和塑性应变软化。

基于统一强度理论,范文等[32]推导出了硐室变形围岩压力的统一解,修正的芬纳公式为其特例,其可以广泛适用于岩土类材料。

在理想弹塑性情况下,由于破裂范围和塑性范围不能确定,理论上可对应不同的围岩应力和变形状态。为了更准确地描述巷道破坏的实际情况,蒋斌松等[33]针对长圆形巷道,将巷道围岩分成破裂区、塑性区和弹塑性区,采用莫尔-库仑准则,进行非关联塑性分析,获得其应力和变形的封闭解析解。

此外,相关学者以弹脆塑性应力-应变模型和莫尔-库仑屈服准则,并考虑岩体屈服后的剪胀扩容特点,开展了衬砌支护和锚杆加固巷道围岩的应力与位移以及锚杆的应力特征相关研究,但没有考虑围岩所表现出的显著的蠕变特性。基于岩石损伤理论,李忠华等[34]分析了不同地应力场情况下的圆形巷道围岩应力场。关于圆形巷道支护结构的荷载和围岩应力,焦春茂等[35]给出了黏弹性解析解。

(2) 试验研究

围岩变形试验研究表明:围岩在不同围压环境下展现出不同的变形特性;围岩卸载比加

载更容易发生破坏变形。

张梅英等[36]通过扫描电镜对花岗岩、白岗岩、大理岩试件进行了单轴压缩试验,分析得出如下结论:试件微裂纹的产生和扩展均以平行于荷载方向沿矿物边界曲折向前扩展为主;试件在单轴压力作用下都属于脆性断裂破坏类型。韩立军等[37]进行了环向约束情况下的破坏围岩承载力室内试验,试验结果表明:在轴向加载过程中,围岩的极限承载力和破坏过程受到环向约束的极大影响。赵兴东等[38]基于声发射技术进行了不同岩样规格对围岩破坏模式的影响试验。刘远明等[39]通过研究围岩弱化性质,在实验室进行了3种试件的直剪试验,试件选择含非贯通节理的岩石,试验结果表明:围岩破坏形态受节理起伏角和法向应力的影响显著。任建喜等[40]对有单一裂纹的裂隙砂岩在单轴压缩条件下进行了细观损伤破坏机理CT实时试验,研究结果表明:宏观破坏裂纹的形成和裂纹产生的位置受预制裂纹的影响显著。吴立新等[41]进行了煤岩损伤的试验研究,通过研究坚硬无烟煤和中硬肥煤的压缩SEM损伤扩展规律,找到了其原因和开始破坏的应力特征。尤明庆等[42]将围岩加工成圆柱形试件,进行了一系列试验,找到了围岩承载力与其受力状态及尺寸的关系。范鹏贤等[43]以围岩拉伸破坏的三个因素(地应力、卸载速度和缺陷尺度)为基础,研究了这三个因素对围岩内部破裂处拉应力的产生和发展的影响。朱维申等[44]分析了双轴压缩作用下岩体裂纹的产生、发展过程,研究得出岩体有3种破坏模式,即复合拉剪破坏、剪切破坏和翼裂纹发展破坏。P. Michelis[45]在进行了大量岩石和混凝土的真三轴试验后得出结论:中间主应力效应是岩石、混凝土类材料的基本特性。周家文等[46]研究了脆性围岩的循环单轴加载下的应力、应变特征,围岩的极限强度特征和围岩的断裂损伤特性,得出结论:围岩内部微裂纹的力学特点决定围岩宏观力学特性。满轲等[47]进行了大量的玄武岩试块强度测试,得出如下结论:围岩破坏的本质原因是围岩内部微裂纹受到拉应力,从而引起裂纹变大进而使围岩裂化。S. Raynaud等[48]进行了不同围压条件下泥灰岩的排水三轴加载试验,得出如下结论:围岩的平均应力水平影响其变形模式,而且围岩局部变形大小受围压的影响较大,围压越大,变形越小。许东俊等[49]在真三轴应力状态下进行了不同应力路径下的岩石变形和破坏试验,研究结果表明:3个主应力的变化都能引起岩石变形和破坏,而且岩石的强度、延性、脆性、体积变化、破坏前兆等都与应力途径有关。尹光志等[50]利用真三轴压力装置对砂岩和石灰岩的强度特性进行了研究。J. A. Hudson[51]通过试验研究将完整岩石的应力-应变全程关系曲线与地下洞室开挖使围岩卸荷破坏的过程联系起来。李天斌等[52]对玄武岩卸荷状态下的变形和破坏特性进行了研究。吴刚[53]采用与工程实际相对应的卸荷方式,研究了不同卸载方式下试样的变形和强度特征及加、卸载历史对变形、强度、破坏形态和声发射等的影响。代革联等[54]利用与CT机配套的专用岩石三轴加载试验设备,对连续加载试验条件下和卸围压应力作用下砂岩破坏细观机理进行了对比研究,研究结果表明:岩石的卸载损伤演化破坏具有突发性,卸围压破坏导致的扩容比连续加载破坏时大。刘红岗[55]通过厚壁圆筒岩石试件的三轴卸载试验得到了岩石试件环状分区破裂的现象,并对其产生机理进行了解释。

（3）数值分析研究

介质的非线性、各向异性以及性质随时间和温度变化,复杂边界条件等问题在数值模拟方法中都能得到较好地考虑,弥补了经典解析法无法克服的缺陷。随着计算机和计算技术的发展,数值模拟已成为解决地下工程问题的重要工具。岩体介质数值分析方法主要分为两类:一类是连续介质力学的分析方法,如有限差分法、有限单元法和边界单元法;第二类是非连续介质力学的分析方法,如离散单元法、块体理论法、不连续变形分析法及数值流形元法等。非连续介质力学的数值分析方法的突出优点是适用于处理非线性、非均质和复杂边界等问题,从而解决了地下工程结构应力变形分析中存在的难题,在岩土力学领域获得广泛的应用,已经成为分析地下工程围岩稳定和计算支护结构强度的有力工具。目前常用的大型数值模拟软件主要有 ANSYS、FLAC、UDEC 等。

在研究巷道围岩变形破坏方面,何满潮、段庆伟等[56-57]以数值模拟分析了复杂构造矿区富有复杂结构面的上覆围岩不连续变形特性,研究了结构面的空间分布特征和力学特征,以及不同的开挖过程对围岩变形特性的影响规律。孔德森等[58]选用合适的数值分析软件对处于复合应力场下的巷道围岩的稳定性进行了数值模拟研究,分析了该状态下围岩的变性特征、应力分布特征、塑性区特征和破坏机理。刘传孝等[59]采用三维离散单元法对高应力区巷道围岩破碎范围的发育规律进行了数值模拟分析,得到了高应力区巷道两帮围岩的水平位移总体上呈均匀、对称、方向相反分布的结论,并通过实践,定性地验证了三维离散元法的理论研究成果。

近年来,巷道围岩承载结构成为重点研究对象。李树清等[60]应用岩石峰后应变软化本构模型对深部巷道进行了数值模拟研究,分析了深部巷道与浅部巷道围岩承载结构的差别,探讨了不同支护阻力对深部巷道围岩承载结构的影响。杨超等[61]计算分析了不同支护阻力对围岩变形的影响,阐述了硬岩巷道中支护主要是控制塑性区的范围,软岩巷道中支护阻力提供围压,影响周边岩体的软化性,遏制围岩破坏区的发展,从而控制围岩的变形。王卫军等[62]对深井煤层巷道围岩变形特征和支护失败原因进行了分析,提出了该类巷道的内外结构耦合平衡支护原理。

1.2.2 巷道围岩蠕变变形研究综述

软岩的蠕变特性对巷道围岩应力及变形影响的研究主要是通过室内试验得到围岩的流变参数,根据其力学特征,选取相应的本构关系,然后建立力学模型进行分析。

陈宗基等[63]对宜昌砂岩进行扭转蠕变试验,研究了岩石的封闭应力、蠕变和扩容现象,并指出蠕变和封闭应力是岩石性状中的两个基本因素。

张向东等[64]通过现场取样,采用自行研制的重力杠杆式岩石蠕变试验机,并配备三轴压力室,对泥岩进行了三轴蠕变试验。研究结果表明:泥岩的蠕变具有非线性。他们根据试验结果建立了泥岩的非线性蠕变方程。根据上述非线性蠕变方程分析了围岩的应力场和位移场,并对不同支护强度和应力状态下的蠕变变形进行了系统分析。

王祥秋等[65]基于软弱围岩的蠕变损伤机理,提出了围岩蠕变损伤具有变形损伤与时间损伤耦合效应的观点。运用伯格斯模型,并引入蠕变损伤变量,采用位移反分析方法对圆形巷道的黏弹性变形规律进行了研究,得出软岩巷道合理支护时间的确定方法。

何峰等[66]采用西原模型材料,运用流变学的一般解法,得到了围岩处于黏弹性和黏弹塑性两种状态下位移的解析解;通过分析可预测位移变化的动态过程,较准确地预测围岩的弹塑性及弹塑黏性位移,为正确、合理地选择衬砌参数和安设衬砌时间等提供了较可靠的依据;同时为进一步进行锚固巷道的位移和锚杆荷载的计算提供了基本思路和理论模型。

范庆忠等[67]采用重力加载式三轴流变仪,在低围压条件下对龙口矿区含油泥岩的蠕变特性进行了三轴压缩蠕变试验研究,重点观察和分析蠕变条件下围压对岩石蠕变参数的影响,同时对其他时效变形特点进行分析,试验结果表明:含油泥岩存在一个起始蠕变应力阈值,该阈值随着围压的增大线性增大;其蠕变破坏应力也大致与围压成比例关系,但是二者随着围压增大的增长率差异很大。该结果可为蠕变型软岩巷道的稳定性控制提供一定的试验依据。

万志军等[68]研制了三轴巷道围岩流变试验台,并进行了多年的试验观测,从岩石长期强度的衰减特征和岩石的应变能守恒原则出发,建立了非弹塑黏性元件组合模型的岩石非线性流变数学力学模型,在此基础上建立了巷道围岩非线性流变数学力学模型,应用线性莫尔强度理论将单轴应力极限转换为三轴应力极限,从而由所测得数据拟合得到的单轴全应力-应变关系曲线参数方程来求围岩三轴应变。

颜海春等[69]为了准确地分析深部巷道围岩在高应力区的流变现象,以便采取措施保持岩土工程的长期稳定性,利用什韦多夫-宾厄姆((Shvedov-Bingham)模型理论,研究了巷道围岩在初始时刻出现塑性区情况下的流变情况,并考虑了塑性区和弹性区力学性质的不同,分析了不同区域岩体的剪应力和体积变化规律。通过理论推导,给出了流变区半径及应力、应变的解析解,并分析了应力分布及流变半径的变化规律。还指出研究深部巷道围岩的流变,初始参照状态应该取弹塑性状态。

陶波等[70]通过对比分析西原体和伯格斯实体两种模型得出以下结论:伯格斯实体模型只适用于软弱围岩,而西原模型的适用范围较广,能够模拟各种岩石流变特性。为了进一步验证此结论,选取各种岩性的试块进行室内蠕变试验,得到蠕变试验曲线,分别做了伯格斯模型曲线拟合和西原模型曲线拟合,求出了蠕变参数,得到的结果更充分证明了对比分析得出的结论。

朱珍德等[71]选取用锚杆支护的巷道为试验研究对象,根据流变力学基本理论,研究了两向等压条件下采用锚杆支护段巷道围岩的应力-应变关系曲线的一些规律,建立了考虑时间因子的锚杆支护破坏准则。

张良辉等[72]建立了一种简单的巷道围岩位移的弹塑黏性解析解,既能反映围岩的应变软化和塑性剪胀特性,又能体现围岩的流变规律,通过对基尔德试验巷道围岩位移的理论计算结果与实测值的比较,检验了所提出的解析解。

林育梁[73]在总结前人研究成果的基础上,通过理论分析,认为软岩变形流动形式可以分为连续变形型、流动型及复合型三大类。连续变形型又分为弹塑性变形型和流变型两种,流动型分为松散流动型与节理滑移型两种,复合型是以上各种形式的复合。着重分析了软岩变形流动型式与软岩支护优化之间的关系,指出软岩支护应与其变形流动形式相适应,不能凡是软岩都要充分释放变形能,都要采用让压支护。并绘出了各种变形流动形式下围岩支架相互作用图。

朱定华等[74]通过对南京红层软岩进行流变试验,发现红层软岩存在显著的流变性,符合伯格斯本构模型,试验得出长期强度是其单轴抗压强度的 63% ~ 70%。

E. Maranini 等[75]在实验室进行了石灰岩的单轴和三轴压缩蠕变试验,试验结果表明:

该种岩性围岩的蠕变机理为在围压较小的情况下裂隙扩张,而在高应力下孔隙塌陷,得出蠕变特性对围岩本构行为的主要影响是降低了围岩的屈服应力。

高延法等[76-77]认为深井软岩条件下的巷道围岩流变变形的原因是存在一个强度极限邻域,在扰动作用下,处于强度极限邻域内的围岩会发生大的流变变形。其提出岩石强度极限邻域、岩石流变扰动效应等岩石力学新概念,得出围岩处于强度极限邻域范围内时扰动效应显著。其研制岩石流变扰动效应试验仪,进行了岩石流变及其扰动效应试验。试验测试了岩石在其强度极限邻域内的恒定轴向荷载作用下,对岩石试件进行扰动荷载冲击扰动,得出不同蠕变阶段的扰动效应,绘制不同蠕变阶段的扰动次数累积变形曲线。根据试验成果分析岩石蠕变扰动效应的影响因素,建立了蠕变不同阶段扰动作用下的岩石本构方程。

随着数值计算方法的发展,越来越多的数值分析软件被应用到对围岩流变变形的研究中,比较常用的有 FLAC^{3D}、ANSYS 等。

邵祥泽等[78]通过分析高地应力下巷道围岩的变形破坏特点,采用波因廷-汤姆森(Poynting-Thomson)模型(H-M 模型)计算模式利用 FLAC^{3D} 程序进行模拟研究,为了分析不同原岩应力材料的弹性模量和黏滞系数对巷道围岩的影响,分别采用不同深度和比例系数。研究结果表明:巷道围岩的变形量随着时间的增加而增加,但最终趋于稳定,开始时存在变形加速阶段。为此建议高应力条件下支护一定要及时,对高地应力巷道施工具有一定的指导意义。

柏建彪等[79]为了研究确定高应力软岩巷道二次支护时间和支护强度,以焦煤集团古汉山矿西大巷为研究对象,采用 FLAC^{2D} 中的指数蠕变模型,研究围岩应力和围岩变形速度随时间的变化规律、二次支护时间及支护强度对围岩变形的影响规律。研究结果表明:采用指数蠕变模型得到的围岩变形随时间的变化规律与现场观测结果基本吻合。

缪协兴[80]针对软岩工程中围岩流变大变形问题,以有限变形力学理论为依据,采用更新拖带坐标法编制非线性大变形有限元计算程序,对软岩巷道流变大变形问题进行数值模拟研究。计算中选用了适合描述软岩流变大变形的物性方程,并考虑锚杆和拱两种支护方式。

张玉军等[81]给出了一个流变-膨胀稳定性岩体的计算模型及有限元数值方法,着重计算分析了山西省引黄入晋工程某输水隧洞围岩的流变-膨胀稳定性。

徐长洲等[82]为了对高应力条件下岩石的变形特性进行准确预测和预报,根据软岩蠕变特征,基于伯格蠕变模型,考虑材料的黏弹性应力偏量特性与弹塑性体积变化特性,假设黏弹性和塑性应变分量采用串联方式共同作用,建立了软岩蠕变特性的数值模型,并对 V 类围岩的蠕变特性进行了数值模拟,研究结果表明:在高应力条件下,蠕变使围岩变形加剧,且蠕变变形随着主应力差的增加而增大。

蒋昱州等[83]认为围岩的流变特性是影响地下洞室变形及长期稳定的重要因素。在长期荷载作用下岩体产生流变,特别是软弱夹层在较高应力作用下,其流变特性更显著。以某水电站大型地下洞室为例,针对该地下洞室附近围岩存在着软弱夹层,且有些软弱夹层与开挖的洞室相互交汇,基于大型岩土工程分析软件 FLAC^{3D},采用黏弹塑性流变本构模型,模拟了地下洞室围岩的流变力学行为。

1.2.3 巷道围岩支护理论研究现状

自 20 世纪 50 年代以来,人们开始采用弹塑性力学来解决巷道支护问题,其中最著名的是芬纳公式和卡斯特纳公式。60 年代,奥地利工程师拉布西维茨(L. V. Rabcewicz)在总结前人经验的基础上提出了新奥法,目前已成为地下工程的主要施工方法之一。1978 年,米勒(L. Mueller)教授比较全面地论述了新奥法的基本思想和主要原则,并将其概括为 22 条。70 年代,萨拉蒙(M. D. Salamon)等又提出了能量理论,该理论认为:支护结构与围岩相互作用、共同变形,在变形过程中,围岩释放一部分能量,支护结构吸收一部分能量,但总的能量没有变化,因而主张利用支护结构的特点,使支架自动调整围岩释放能量,支护结构具有自动释放多余能量的功能。80 年代,随着新奥法理论的不断发展,施工方法在全世界得到广泛应用,并且从最初的巷道施工扩展到采矿、冶金、水利水电等其他岩土工程领域。日本山地宏和樱春辅提出了围岩支护的应变控制理论,该理论认为巷道围岩应变随支护结构的增加而减小,而容许应变随支护结构的增加而增大,因此,通过增加支护结构能较容易将围岩应变控制在容许范围之内[84-89]。

在国内 20 世纪 70 年代到 80 年代,巷道围岩稳定理论得到了空前的发展,逐步形成了软岩巷道支护理论,并在实践中不断革新和丰富发展,形成了多种软岩巷道支护理论,相对较为成熟的软岩巷道支护理论有:

(1)联合支护理论[90-93]:该支护理论是由陆家梁、郑雨天、朱效嘉等结合软岩工程实际,灵活、充分应用新奥法提出的。该理论可概括为:对于软弱围岩巷道支护要先柔后刚,先让后抗,柔让适度,稳定支护,由此发展形成了很多形式的软岩巷道支护方法,如锚网喷支护、锚注支护、锚网喷加型钢支架支护等联合支护方式。

(2)松动圈支护理论[94-95]:由董方庭提出,该理论认为巷道在开挖后围岩松动圈形成过程中剪胀力是支护的最大荷载;裸体巷道的围岩松动圈应力几乎等于 0,此时巷道围岩也存在弹塑性变形,但巷道围岩不需要支护;围岩松动圈越大,围岩变形就越大,支护就越困难,因此巷道支护的目的是防范围岩松动圈在形成、发展过程中巷道围岩产生有害变形。

(3)工程地质学支护理论[96-98]:这由何满潮利用现代力学和工程地质学相结合的研究方法,通过对软弱围岩力学机制的分析研究提出的软岩巷道支护新理论。该支护理论将软弱围岩分为结构变形类、应力扩容类和物化膨胀类,然后又根据每一类软岩的变形程度将每一类分成 A、B、C、D 等 4 个等级。该支护理论的重点是:软岩变形机制通常是以上三种力学机制的复合类型,支护是要弄明白软岩的变形机制,将软岩复合变形机制转化为单一变形机制,而且还强调了软弱围岩支护是一个力学工程,这个力学工程中的每个环节都要适应软岩自身的复合力学机制特点。该支护理论在煤矿软岩巷道支护工程中得到了广泛的应用,取得了良好的支护效果。

(4)主次承载区支护理论[99-100]:由方祖烈提出。该支护理论认为巷道围岩开挖后形成了拉压域,压缩域体现围岩自身的承载能力,形成于围岩深部,是维护巷道围岩稳定的主要承载区域;张拉域在巷道围岩周围,采用一定的加固支护也能形成一定的承载能力,与主承载区相比较,仅起到了一定的辅助作用,所以称其为次承载区,巷道围岩的稳定性取决于主次承载区的协调作用。

(5)应力控制理论[101]:该支护理论起源于苏联,也称为卸压法、围岩弱化法等。该支护理论认为:巷道在开挖以后,巷道围岩从开始产生变形到其能够产生的容许最大变形量这一段时间内,有针对性地释放一部分围岩应力,围岩应力向深部围岩转移一部分,剩余的围岩应力由支护结构承担,利用围岩二次应力(围岩二次强度)支护体刚度,从而保证巷道围岩稳定。利用局部弱化围岩来调节围岩的应力分布状态,改变其应力方向,从而使巷道围岩处于一个良好的应力环境中,能够提高围岩的稳定性。其卸压方式有分阶段导巷掘进卸压、松动爆破卸压、开槽(缝)卸压以及钻孔法卸压等。

随着矿井开采向深部发展,巷道围岩稳定性控制理论有以下几个方面的发展趋势:

(1)基于软岩巷道大变形的特点,小变形理论计算结果越来越不能满足工程需要,必须将大变形理论引进围岩稳定性研究[102]。

(2)随着损伤力学研究的发展[103],损伤力学的引入使围岩稳定性评价有了新的依据,因为岩体中含有大量的不连续面,如节理、裂隙,它们的存在显著改变了巷道围岩的强度和变形特性,损伤因子能够衡量围岩的破坏程度,因此,用损伤因子评价围岩岩体破坏程度来判断围岩的稳定性更准确可靠。

(3)随着岩体测试技术和计算机技术的飞速发展,建立统一的能够反映塑性、损伤、断裂行为,并考虑变形局部化和变形劣化的岩体材料本构模型,将成为国内外岩体力学理论工作者研究的热点课题之一。

(4)高应力软岩巷道维护是深部矿井开采中所面临的主要问题之一,然而长期的工程实践表明:深部巷道特别是高地应力巷道的支护肯定是一种综合控制[104-105],多种支护方式的联合支护尽管已经取得了令人满意的效果,但是费用较高,不利于矿山的正常发展,因此新型的围岩应力控制方法具有其独特的优越性。

(5)研究软岩巷道局部弱支护理论。支架的局部弱支护机理与围岩、地应力非均匀等因素混合在一起,需要综合考虑地质因素与支架结构特征等方面,以便在支护中发现薄弱部分并加以适当改进。

1.2.4 巷道围岩支护技术研究现状

目前用于深部软岩巷道支护的技术与措施比较多,如锚喷支护、金属支架、锚网喷支护以及近些年发展起来的高强度弧板、加强型金属支架等,但使用范围最广的还是锚喷支护、锚网喷支护及 U 型钢可缩性金属支架[106-118]。

(1)锚喷支护:锚喷支护的全称是锚杆喷射混凝土支护。由于锚喷支护具有使用方便、节省钢材、价格便宜、易实现机械化操作,可与传统巷道支护联合使用,适用于多种地质条件等优点,以及新奥法的出现,开创了锚喷支护与工程相结合的新方法,从而使得锚喷支护有了更广的应用范围。近年来,锚喷支护技术已经获得了巨大发展,锚喷支护的发展也促进了锚杆的研究和发展。锚杆由早期的胀壳式锚杆、倒楔式锚杆、楔缝式等机械式锚杆,发展到锚固性能更好、适应性更强的新型锚杆,如树脂锚杆、快硬水泥锚杆、可拉伸锚杆、缝管锚杆等。但是由于一般的锚喷支护技术不能满足高应力软岩巷道大变形的要求,因而失败的工程实例也有很多,如发生巷道片帮、顶板冒落等事故。支护结构破坏之后常需要进行巷道重新翻修,因而浪费大量的人力、物力和财力。

锚喷支护的发展,促进了喷射混凝土的研究和发展。由最早的喷射水泥砂浆,发展到干式喷射混凝土、潮式喷射混凝土、湿式喷射混凝土,我国目前以潮式喷射混凝土为主。值得一提的是,日本学者在干式与湿式喷射混凝土的基础上发展了喷射混凝土的新工艺——

SEC 喷射混凝土,其最大特征是使细骨料沙砾在潮湿状态下裹上一层水泥,再与粗骨料、水泥、速凝剂等混合喷射,从而使水泥用量明显减少,喷射混凝土强度提高,获得了更好的技术经济效果。喷射材料也从原来的素水泥砂浆、混凝土,到各种纤维材料,如聚乙烯、尼龙、丙烯等塑料纤维和钢纤维,提高了喷层适应变形的能力,同时常在喷层中掺加柔性外加剂,以提高喷层的柔性。尽管如此,由于受到施工机具和经济条件的限制,以及受高地应力软岩巷道地质条件的恶化的影响,这种单纯的锚喷支护还难以从根本上解决软岩巷道支护问题,很有必要对支护结构形式加以改进[119-120]。

(2)锚网喷支护:其全称是锚杆、金属网、喷射混凝土支护。这种支护形式是在锚喷支护的基础上发展起来的,是锚杆、金属网、喷射混凝土三者并用的联合支护结构。与锚喷支护相比较,其增加了金属网。锚网喷联合支护形式一般仍然以锚为主,以喷、网为辅。围岩的支护抗力主要由锚杆及时提供,增加金属网的目的是改善喷射混凝土的性能,增大喷射混凝土的整体性、抗弯性能、抗拉性能、抗剪性能,使喷层不易开裂,从而更好地起到封闭、防风化、防水和防止锚杆间岩体的松动掉落作用,达到保护和发挥锚杆支护的目的,使得喷层压力更均匀分布。

但是在高应力软岩巷道中,仅增加一层金属网仍然不能抵抗强大的变形压力。近些年来,有不少生产单位在适当增加锚杆长度与增大锚固力的同时,改单层网喷为双层网喷,取得了一定的支护效果。这种工程实践很有借鉴意义,说明软岩巷道中锚杆支护能力不足,可以用加筋喷层来弥补,改进筋网结构、提高筋网的支撑能力,是发展软岩巷道锚喷支护的有效途径[121-122]。

(3)巷道金属支架:是指工字钢、U 型钢等金属支架的总称。由于工字钢的可缩性差,不能适应软弱围岩变形情况,故应用得较少。目前应用较多的是 U 型钢可缩性支架,其其有良好的断面形状和几何参数,且易实现型钢搭接后的缩让,所以成为制造可缩性金属支架的主要材料。在高地应力软岩巷道支护应用中,U 型钢使用状况远不能令人满意,主要表现在以下几个方面[123-125]:

① U 型钢可缩支架的强度低,不能有效控制软岩巷道变形,导致支架型钢、接头卡缆的变形破坏严重而回收率很低。许多矿区把 U 型钢可缩金属支架作为一次性投入,大幅度增加了巷道支护成本。

② U 型钢可缩支架的最大优点是可缩,但是在实际应用中其可缩量很小(远小于巷道断面尺寸的 20%)时就已发生破坏,从而失去了可缩的意义。而在德国,当巷道断面收缩 35%甚至高达 64%时,U 型钢支架仍然不丧失其承载能力。

③ 由 U 型钢可缩性支架力学性能分析可知:支架在围岩地压作用下达到极限的应力主要是由弯曲力矩所造成的。在软岩巷道中由于支架承受较大的侧压力和荷载的不均匀性,支架失去稳定性、可缩性,其竖向承载能力降低。一般具有可缩性的外部支架均不可避免受到上述破坏力系的作用,因此大幅度减弱了支架自身所具有的优越力学性能。

1.3 需进一步研究的内容

(1)深部软岩巷道围岩破裂演化机理缺乏深入研究。

随着矿井开采深度的不断增加,巷道围岩变形破坏特点与浅部围岩相比显著不同,深部巷道围岩长期处于高地应力、高孔隙压力、高温等复杂环境中,围岩呈现明显的流变特性,现有深部高应力巷道围岩破裂演化机理研究尚不成熟,缺乏对围岩破坏圈破坏过程中的应力、变形等非线性演化机理的研究;经典的塑性力学理论不能真实反映深部围岩应力场,以此为基础进行围岩稳定性判断与支护设计也存在相应问题。

(2)深部软岩巷道局部弱支护机理缺乏研究。

软岩巷道发生底鼓及顶板失稳等现象应区分两种情况,即巷道全周边弱支护与局部弱支护。全周边弱支护:巷道变形基本均匀,各向来压强烈,支架逐渐被破坏,底鼓与顶帮破坏并发;局部弱支护:围岩从弱支护部位鼓出,到一定程度后诱发牢固支撑部位支架破坏,底鼓及顶板下沉不均匀,发展过程呈缓慢-急剧形式。实际工程中,由于围岩非均质、地应力非均匀等因素的存在,需要综合考虑地质因素与支护结构特征两个方面,这样才能正确分析局部弱支护产生的效应。局部弱支护是深部软岩巷道失稳的根源,破坏后果严重,是巷道支护工程中的常见现象,理论上缺乏深入研究。深部软岩巷道局部弱支护机理是一项全新的理论研究课题,该理论对改进巷道支护结构,完善巷道支护理论,促进巷道支护技术的发展具有重要意义。

(3)深部软岩巷道支护技术需进一步研究。

通过上述对巷道支护技术研究现状的分析可知:要使高地应力软岩巷道得到可靠支护,围岩表面支撑与内部加固需同步进行。目前对锚喷结构的改进,侧重于增强围岩内部的加固,如加大锚深、高强锚固、注浆加固等,而网喷结构的强度和刚度增幅不大,即围岩表面支撑能力没有得到明显的提高。而金属支架(如工字钢、U型钢可缩支架等)支护正好相反,其表面力强大,但是一般不进行围岩内部加固,因而导致在高地应力软岩巷道支护中每米巷道支架数量增加,使支护费用大幅度提高。这两种不同的软岩巷道支护形式各自强调其作用的一个方面,是导致费用增加的重要原因。

虽然U型钢可缩支架具有良好的可缩性和较好的支护效果,但是其支护成本很高;锚喷支护虽然具有施工简单、节约材料、成本低廉等优点,但应用于高地应力软岩巷道支护,其支撑能力在一定程度上往往又显得不足,使巷道的安全可靠度没有足够的保障。另外,传统的锚喷支护用于膨胀性软岩巷道尚存在一些不足,如果喷层刚度过大而柔性不够,则不能适应松软围岩变形大的特点,因而近年来国内外学者都致力于对新型锚喷支护结构的研究和应用。

(4)三维网壳锚喷支护的应用研究。

20世纪结构工程的重要成就之一是众多大跨度网架、网壳结构物的兴建。该类结构物是由杆系交互连接形成的空腹板壳结构,其重力小、稳定性强,不论承受静载或动载,构件的弯曲内力都较小,用它构成的大跨度建筑物具有优良的抗动载性能。网壳结构优良的性能,对研究地下支撑结构具有重要的借鉴意义。三维网壳锚喷支护实质上仍是锚网喷支护,其特点是用一种特殊的三维网壳支架代替普通的钢筋网,大幅度提高了锚网喷结构的支撑能力,不需要采用型钢支架、锚索、围岩注浆等手段进行加固就能有效支护高地压大变形巷道、跨采动压巷道、冲击地压巷道以及大断面硐室等[126-127]。

三维网壳支架完全不同于普通金属支架,其构件是用钢筋在地面焊接而成的网架结构,外表面自成一层钢筋网,可承托围岩表面;内部立体纵横交错的钢筋网架支撑着外层钢筋网。每块构件的两端焊接着带有螺栓孔的连接板,每架支架由数块构件对头拼装,用螺栓连接而成。支架自身具有一定的柔性让压性能。此外,还可以在对接处嵌入木垫板,使支架也有一定的可缩性。三维网壳支架是一架紧接一架安装的,架间不留间隙,也不需要另加连接件。支架与围岩表面直接接触,超挖空隙需充填密实。架设完毕,其承载体不是钢筋梁拱,而是众多纵横相连的小跨度双向钢筋拱壳,可充分削弱钢筋的弯曲变形,增强支架的三向承载能力。对于煤矿软岩巷道,三维网壳锚喷支护分为初期支护和二次支护两步进行施工,初期支护先施工锚杆,喷射一定厚度的混凝土来封闭岩面,作为工作面临时支护措施,随即连续安设三维网壳支架,利用支架自身的柔性逐渐释放一部分围岩变形。这种三维网壳支架具有与普通型钢支架相当的支撑能力,并且对围岩连续支撑,可有效阻止围岩松动破坏,使围岩变形速率减小。完成初期支护后,再复喷一定厚度的混凝土,将三维网壳支架的各小跨双向钢筋拱壳全部覆盖,便完成了二次支护。这样锚杆、三维网壳支架和混凝土喷层组成了三维网壳锚喷支护结构,作为巷道的永久支护系统[128-133]。

综上所述,本书研究的三维网壳锚喷结构是一种新型特殊的钢筋混凝土结构,具有两个显著特点:(1)混凝土被包围在众多小跨度双向钢筋拱壳之内,喷层所受的拉剪应力被明显削弱,抗压强度得到充分利用,因而支撑能力相对于普通配筋喷层大幅度提高。(2)三维网壳支架的可缩接头使喷层具有一定的让压性能。这种喷层既能与围岩共同变形,又为围岩提供了更强的支撑力,因而可作为软岩巷道、动压巷道、大断面硐室等的永久支护结构。本书正是在降低软岩巷道支护成本、提高经济效益且具有可观推广前景下,在锚网喷支护结构的基础上,寻找更合理的支护结构形式,改善支护结构的力学性能,同时不降低支护结构的安全可靠度。根据高地应力软岩巷道的特点,要求这种结构既能大幅度提高结构自身承受地压的能力,又能有效防止结构发生大变形时过早破坏。因此,本书根据大跨度空间壳体结构的力学原理,探索和研究地下三维网壳衬砌结构,该结构由三维网壳支架和混凝土喷层组成,达到用较少的材料以大幅度提高喷层支撑能力和让压能力的目标,又将这种三维网壳衬砌结构与长短锚杆组成一种空间支护结构和三维网壳锚喷结构,在高地应力软岩巷道中进行工业性试验,以求为软岩巷道提供经济合理、技术先进、安全可靠的新型支护形式。

1.4 主要研究内容及研究方法

1.4.1 主要研究内容

(1)利用岩石高压蠕变测试系统和岩石三轴试验仪,完成高压条件下典型深井巷道围岩物理力学性质和围岩变形演化试验,研究深部巷道围岩变形破坏特点和破坏失稳的关键因素,为研究深部巷道围岩破坏失稳的控制措施提供理论依据。

(2)建立巷道局部弱支护力学模型,提出深部高应力巷道局部弱支护理论,并推导得出具体的解析解,丰富和完善深部巷道支护基础理论体系。

(3)三维网壳衬砌结构作为空间壳体结构,目前没有成熟的计算理论,本书将三维网壳衬砌结构简化为受均匀外荷载作用的圆柱形壳体结构,根据短柱形壳在轴对称外荷载作用下的弯曲变形理论,对该结构进行内力分析,建立理论模型,求得其应力表达式。

(4)三维网壳锚喷结构是新型支护结构,需要深入研究结构与围岩的作用机理,分析锚固、喷射混凝土和三维网壳支架组成的复合支护力学机理,研究岩体、锚固承载圈与结构之间的相互作用。

(5)依托工业性试验的典型软岩巷道工程,利用大型地下结构试验台,完成高地压作用下的三维网壳锚喷结构模型试验。研究三维网壳支架、网壳喷层的力学性能和承载能力,以及变形、破坏形态与发展规律,确保设计方案的可靠度与准确性。

(6)利用数值分析软件对三维网壳锚喷结构支护段巷道进行数值模拟计算,分析巷道围岩及支护结构的位移、应力等分布规律来评价支护设计的合理性,为支护结构的优化提供数值计算依据。

(7)结合典型工程,完成三维网壳锚喷结构工业性试验,测定三维网壳锚喷结构支护段巷道围岩收敛变形及结构的应力、应变等参数,为修正该支护结构的设计参数提供依据,利用现场监测得到的信息,评价该支护结构在深部巷道围岩治理中的适用性。

1.4.2 研究方法

本书研究方法如下:

(1)现场调研,收集和分析潘三矿西二石门四联-五联段巷道工程地质和支护设计等资料,进行地质力学评估,确定初步巷道围岩控制技术路线;完成现场围岩取样,为围岩物理力学性质和围岩变形演化试验做准备。

(2)进行围岩的物理力学性质和围岩变形演化试验,研究深部巷道围岩基本力学性质和围岩变形破坏特点。

(3)进行深部软岩巷道局部弱支护效应理论分析,研究巷道局部弱支护理论。

(4)进行三维网壳锚喷结构理论分析,研究其支护机理;基于壳体理论,研究支护结构计算理论模型,并进行内力分析。

(5)进行三维网壳衬砌结构相似模型试验,研究结构的力学性能和承载能力。

(6)进行三维网壳锚喷支护巷道的数值分析,研究巷道围岩和支护结构的位移场、应力场分布规律。

(7)进行现场工业性试验,确定巷道支护方案,并制定三维网壳支架加工技术规范;进行现场监控量测,获取监测数据。

根据研究内容和研究方法,制定技术路线如图1-1所示。

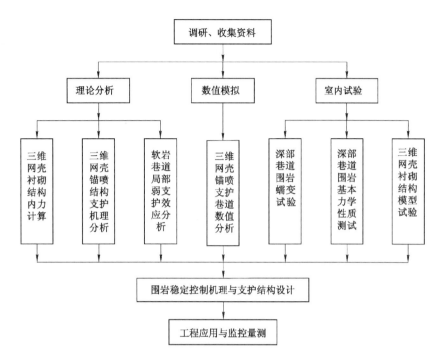

图 1-1 技术路线图

2 深部巷道围岩室内蠕变试验研究

蠕变特性作为岩石的重要力学性质之一,对于进行岩土工程的长期稳定性和安全性研究具有重要意义。室内岩石蠕变试验是得到岩石蠕变力学特性的基本手段,具有能够长期观察、排除次要因素、较严格控制试验条件、重复次数多等优点,因此对于岩石蠕变特性的研究成果目前主要是基于对室内蠕变试验结果的分析得到的。

从已经发表的成果来看,岩石室内蠕变试验方法主要有常应力下的单轴压缩蠕变试验和直接剪切蠕变试验,三轴压缩蠕变试验研究成果不是很多。由于深部岩石处于复杂的应力状态,采矿工程中所遇到的岩体或矿体多处于三向应力状态,自身又是一种十分复杂的天然材料,很多情况下简单应力状态下的岩石应力试验不能完全反映工程实际中的岩体应力状态,必须充分认识复杂应力状态下岩石的力学性质。因此开展三轴岩石试验研究十分重要。

本章主要对所取岩样进行了基本力学性质测试和单轴、三轴压缩蠕变试验。基于岩石的基本力学性质测试结果,为下文数值模拟分析中围岩参数的选取提供依据。通过分析岩石蠕变试验结果,获得了岩石蠕变的一些规律。深部软弱围岩常表现出显著的蠕变特性,这对巷道的长期稳定性产生非常不利的影响,通过掌握岩石的一些蠕变破坏变形规律,可为深部软岩巷道的稳定性控制提供一定的试验依据,可为巷道支护结构的选型提供有用的建议。

2.1 岩石基本力学性质测试

岩石的基本力学性质参数包括抗压强度弹性,模量、变形模量、黏聚力、内摩擦角等,是工程设计和科学研究的基本数据,获得这些参数是进行后续蠕变试验的前提。岩石材料是在漫长的地质年代中经过长时间的自然地质作用形成的各种矿物的集合体,是赋存于自然界中的十分复杂的介质,这一特殊性决定了岩石或岩体在受力情况下的变形、屈服、破坏以及破坏后的力学效应等并不像某些金属(均质)材料那样具有较明确的规律可循。岩石作为天然地质作用的产物,不同岩石的成因、特点各不相同。在漫长地质年代中,岩石或岩体遭受了复杂的地质环境作用,包括风化、侵蚀、构造地质作用、地应力变化以及人为因素的影响等。这些因素使得各种岩石甚至是同类岩石的应力历史、成分和结构特征都有较大差异。为了服务于工程实际,对其客观规律进行更深入的探索,得出精确的研究结论,针对岩石的基本力学特性的研究是不可或缺的[134-135]。

为了分析岩石的基本力学性质和确定蠕变试验所需加载应力大小,在实验室进行了所取岩样的单轴和有围压条件下的压缩变形试验。

2.1.1 采样与加工

岩样取自潘三矿试验段巷道。岩样的采集工作按照《煤和岩石物理力学性质测定的采样一般规定》(MT 38—1987)的相关规定执行,需注意以下几点:

(1)在采样过程中应使岩样原有的结构和状态尽可能不受到破坏,以便最大限度保持岩样原有的物理力学性质。

(2)每组岩样必须具有代表性。

(3)所采岩样的长度和数量应满足所做力学试验的要求。根据试验项目,按照《煤和岩石物理力学性质测定方法》(GB/T 23561)的相关规定执行或根据实际取样情况决定。考虑到试件加工时的损耗或其他因素,当取样条件许可时,采样数量应为上述规定有效长度的2倍。

(4)采样时应有专人做好岩样的登记制册工作。应登记岩样的编号、岩石名称、采样地点、钻孔名称、深度、采样时间等。

(5)岩样取出后应立即封闭包好,以免受到外部环境影响。

本次试验试样加工机器主要为岩芯钻取机、岩石切片机、双端面岩石磨平机。在室内用岩芯钻取机、岩石切片机、岩石磨平机打磨成规定的标准试块:直径为 50 mm,允许变化范围为 48~52 mm;高度为 100 mm,允许变化范围为 98~102 mm。对于非均质的粗粒结构岩石,或取样尺寸小于标准尺寸者,允许采用非标准试样,但高径比必须保持 1.7:1~2.5:1。每种岩样一般情况下至少制备 3 个,数量按要求的受力方向或含水状态确定。试样制备的精度,在整个试样高度上直径误差不得超过 0.3 mm。两端面的不平行度最大不超过 0.05 mm 且应垂直于岩样轴线,最大偏差不超过 0.25°。

2.1.2 试验设备

本试验所采用的设备为 RMT 岩石力学测试系统,其具有操作简单、控制精确、测量准确、可以长时间工作等优点,而且其可靠性高、保护功能全。试验仪器如图 2-1 所示,主要用于岩石单轴及三轴压缩试验,在试验中可以检测岩石的抗压强度、弹性模量和泊松比等;可以实时绘制岩石材料的应力-应变全过程关系曲线,试验完成后可以计算试验结果,选择打印试验报告。

RMT 岩石力学测试系统能够根据试验要求自动控制试验过程,得出科学合理的试验结果。控制好试验过程的关键是加载过程中控制方式的选择,一般可供选择的控制方式有轴向荷载作为加载控制参数和轴向位移作为加载控制参数。控制方式应该根据具体的试验和岩石的类型来选择。比如进行岩石试件的流变试验,试验的目的是观察在恒定的荷载作用下岩石的变形随时间的变化情况,因此试验过程中只能选择轴向荷载作为控制变量进行加载控制。如果要作岩石压缩过程的全应力-应变关系曲线,就不能选择轴向荷载控制加载方式,因为当应力超过岩石的承载能力以后,随着岩石的变形的进一步增加,轴向荷载无法继续施加,而储存在机架中的应变能会瞬间释放而导致试件破坏,从而得不到应力峰值后的应力-应变关系曲线。针对这种试验只有采用应变作为控制变量才能获得较满意的试验曲线。岩石试件在加载到某种程度时都会有一定程度的扩容现象,即岩石变形一定程度以后,径向变形的总和超过轴

图 2-1 RMT 岩石力学测试系统

向变形,超过岩石极限承载力后更是如此。对于比较软弱的岩石,其破坏前的变形往往都较大,而且塑性变形所占比例较大,为了得到完整的应力-应变关系曲线,试验以轴向位移作为控制参数。根据相关文献资料,软弱围岩在压缩过程中的轴向变形往往是径向变形的 3~4 倍,甚至更多。因此,以轴向变形(即轴向位移)为控制参数能更好地控制试验的破坏过程,从而作出更完整的应力-应变关系曲线。本次试验对象岩样强度较低,在进行单轴、三轴压缩试验及变形试验时均以轴向位移作为加载的控制参数。

2.1.3 压缩变形试验过程及试验结果

为了结合工程实际,保证工程设计趋于安全,此次试验所用试件在试验前均用保鲜膜进行保护,防止软岩试件受到外界环境的扰动而使岩性发生变化。

（1）对试件进行编号和拍照。

（2）试验设备准备。将事先准备好的试件两端涂抹黄油以减小端面的摩擦效应对试验结果的影响,按照要求置于两个垫块之间,装好径向传感器和轴向传感器,必须保证传感器和试件之间有足够的紧贴度且传感器必须具有足够的稳定性。

（3）把准备好的试件按照试验要求置于伺服压力机底座中心,放好承压垫块。

（4）采用位移方式控制(轴向),设定轴向位移的上限值。以 0.002 mm/s 的变形速率施加轴向荷载,直到试件破坏或达到设定的变形上限值为止。试验过程中计算机软件自动记录数据,并进行一定的处理,绘制出各个变量之间的关系曲线。

（5）试验停止,取出试件,进行破坏描述。

首先进行单轴压缩变形试验,试验过程按照煤和岩石物理力学性质试验相关规程中的要求进行。力学性质的测试全部在 RMT 岩石力学测试系统上进行,自动记录、处理测试数据,并自动记录、处理。下面列举了粉砂岩试件的力学性质测试结果,如图 2-2 至图 2-4 所示。

图 2-2 至图 2-4 是试件的单轴压缩应力-应变关系曲线,试件取自同一块岩石。综合试件的试验结果可以得出该岩石的单轴抗压强度约为 50 MPa。

由图 2-2 至图 2-4 可以看出:在单轴试验岩石的应力-应变关系曲线中,开始时应力-应

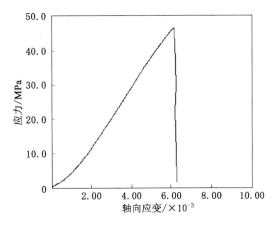

图 2-2 试样 1 的应力-应变关系曲线(单轴)

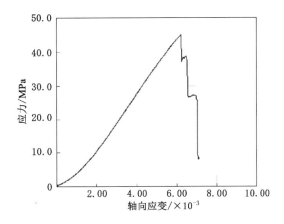

图 2-3 试样 2 的应力-应变关系曲线(单轴)

变关系曲线有一个上凹的阶段,斜率随着应力的逐渐增大而增大,该阶段为孔隙裂隙压密阶段,试件中原有张开性结构面或微裂隙逐渐闭合,岩石被压密,形成早期的非线性变形。本书试验中压密阶段较明显,说明岩样软弱且有裂隙。在岩样充分压密后进入完全弹性阶段,应力-应变关系曲线表现为近似直线,认为岩石处于完全弹性状态。曲线均未表现出微破裂发展的非线性阶段,可能与加载速率过大有关。最终岩石出现了脆性破坏,岩样强度达到峰值后突然降低。此外前人研究结果表明岩石还存在破坏后阶段,由于本次试验不进行峰后特性研究,可不进行峰后强度试验,在试件达到峰值破坏后便停止。

接着又在实验室内进行了试件的三轴压缩变形试验,为了与下面的岩石压缩蠕变试验围压选取相对应,本次试验的围压设定为 3 MPa。

由图 2-5 所示岩石应力-应变关系曲线可知:围压为 3 MPa 时,试件的三轴压缩抗压强度为 67.8 MPa。

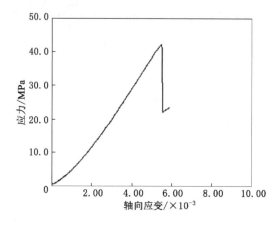

图 2-4　试样 3 的应力-应变关系曲线（单轴）

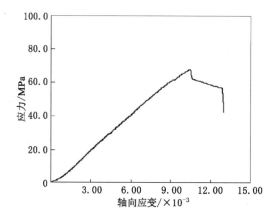

图 2-5　应力-应变关系曲线（围压为 3 MPa）

2.2　蠕变试验设备

本章所进行的蠕变试验是在 ZYSS2000 型岩石高温高压蠕变仪上进行的，ZYSS2000 型岩石高温高压蠕变仪是机电一体化试验设备。该试验设备是研究岩石力学性质的基本试验装置，根据目前的工程建设特点和岩石试验规程，通过对现有的压力试验机进行研制改装，最终研制出了高性能的 ZYSS2000 型岩石高温高压蠕变仪。可以根据所进行的试验要求来设置试验参数，采用计算机来控制整个试验的过程，试验过程中能够自动记录各所得数据。这种试验设备的自动化程度较高，是目前比较经济实用的研究岩石力学性质的试验设备。

试验设备由主机、围压系统、空隙水压系统、加温系统、电气控制系统、计算机软件系统等组成。其主机结构采用油缸下置方式，并带有移动小车；围压系统不需要使用压力平衡装置,抗压能力很强;空隙水压控制简单可靠;加温系统与围压系统集成,几乎可对围压介质直接加热;电器控制系统具有分辨率高、控制精准等优点;配套软件操作起来简单方便,有很好的保护措施。主要适用于岩石单轴压缩蠕变试验、围压环境下轴向压缩蠕变试验、高温高压环境下轴向压缩蠕变试验。

仪器的主要技术参数:(1) 最大轴向荷载:2 000 kN;(2) 轴向试验力范围:40～2 000 kN;(3) 轴向测量分辨率:20 N;(4) 轴向力测量精度:＜±1％;(5) 位移测量范围:1～100 mm;(6) 位移测量分辨率:0.001 mm;(7) 位移测量精度:≤±0.5％(大于 1 mm);(8) 最大围压:60 MPa;(9) 围压测量精度:≤±2％F.S.;(10) 围压分辨率:0.1 MPa;(11) 变形测量范围:轴向:0.1～5 mm,径向:0.05～2.5 mm;(12) 变形测量分辨率:0.001 mm;(13) 变形测量精度:±1％;(14) 变形速度控制范围:0.005～5 mm/min;(15) 温控:最高温度 50 ℃,精度＜±2 ℃。

(a) (b)

(c) (d)

图 2-6 ZYSS2000 岩石蠕变仪

该仪器设备的机械结构功能如下:

(1) 主机部分

主机为整体的加载框架,可浇筑成型,框架刚度为 10 000 kN/mm,油缸下置;油缸为柱塞缸,单作用油缸回位靠自重完成,进口磁滞伸缩尺安装在油缸的下端,进行位移检测和控制;主机框架上梁内侧固定着 2 000 kN 的负荷传感器,传感器为柱式结构,测力精准;传感器下端固定着 φ200 mm 压盘;主机工作台上装有小车,保证在装配试件和围压缸时操作方便,装配好后将小车推到主机加载位置,用油缸将其顶起,开始试验;主机上端安装用于围压室安装的起吊装置;主机的试验前端设有防护罩,目的是做压缩试验时起保护作用。

（2）围压室

围压室由缸筒、活塞、上下活塞等组成,围压腔直径设计为 $\phi 180$ mm,能满足轴向和径向引伸计的安装;围压室安放在可以移动的小车上,能够跟随小车移动;抗压能力设计可靠,并且活塞直径为试件直径,保证轴向加载精准;围压室压杆及底座上设计有测量孔隙水压的接口;在围压室内能够安装轴向及径向引伸计;在围压室壁上安装有用于加热的加热棒;在围压室壁上留有注油口和放气口,以保证充油充分;围压室内可以充填的介质为 46 号抗磨液压油。

（3）液压控制系统

加载油源分配原理:3 套泵,主油缸 1 套,增压缸 1 套,注油泵 1 套。主油缸和增压缸可提供压力 21 MPa,流量为 5 L/min。配随动阀板,增压缸可提供压力 21 MPa,流量为 5 L/min。注油泵可提供压力 2.5 MPa,流量为 10 L/min。三路油共用一个油箱,但是由于围压室内的油清洁度较低,控制油清洁度要求较高,所以箱体内两路油隔开,互不混合。介质为 46 号抗磨液压油;加载油源有用于围压控制的增压回路,增压比为 3.3:1,主油源额定压力为 21 MPa,增压后可达到 69.3 MPa;油源系统上配有用于保压试验时的风冷机,以保证油温的稳定。

考虑到操作、接线与维护的方便,按照说明书提供的布置图来布置安排整机。

岩石高温高压蠕变仪的安装环境必须符合如下要求:

室温为 10～35 ℃,湿度为 20%～80%;无振动;无明显电磁场干扰;周围无腐蚀性介质和粉尘;地面要求是坚实的混凝土;电源为交流 380×(1±10%) V,50 Hz(保持稳定工作电压,如有需要,自备稳压电源)。

2.3　蠕变试验岩样加工

本次试验所用的岩样均取自淮南市潘三煤矿西二石门四联-五联巷道围岩。围岩为粉砂岩,埋深为 −550 m。通过单轴和三轴压缩试验,对所取岩样进行基本力学物理性能测试,发现:该种岩石属于软弱围岩,抗压强度较低,岩石的取样加工较困难。所以在取样过程中要保持钻机的稳定性,从而降低钻机在钻取岩样过程中对岩体的扰动破坏,岩样成功取出来之后要进一步加工,用到的仪器为双端面岩石磨平机和岩石切片机,最终将岩样加工成高度 100 mm、直径 50 mm 的标准试块,误差必须在允许范围之内。

2.4　蠕变试验方案

2.4.1　加载方式

通常有两种加载方式来进行岩石的室内蠕变试验加载——单级加载和分级增量加载。单级加载示意图如图 2-7(a)所示,即在同样的试验条件、同样的仪器、不同的应力水平下,对同一种岩样同时进行试验,得到一组不同应力水平时的蠕变全过程曲线。这种加载方式在理论上讲较为符合蠕变试验的加载要求,但是要保证每次试验都在完全相同的试验条件下加载难以实现。所以,目前国内外室内蠕变试验一般都采用分级增量加载,如图 2-7(b)所示。分级增量加载是指施加不同的应力在同一岩样试件上,在某一级应力水平下岩样试件蠕变达到规定的时间或者蠕变稳定后施加下一级应力,直到完成试验。

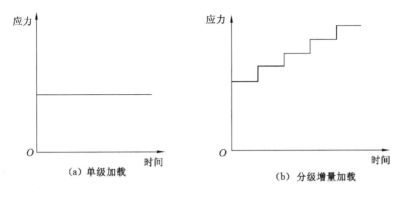

图 2-7　蠕变试验常用加载方式

采用分级增量加载时,通常根据线性叠加原理整理得到不同应力水平时的岩石流变曲线,即认为岩石是线性流变体,任一时刻的流变量为前面时刻各级荷载增量在此时刻引起的流变量的总和。然而,岩石流变是非线性的,并不满足线性叠加原理,对所得到的阶梯形流变曲线按线性叠加原理直接整理得到,因此岩石完整流变曲线必然存在一定的偏差。因此由分级增量加载蠕变曲线转变为单级加载蠕变曲线的方法只是一种近似处理方法。但是这种方法可通过单一试件进行分级加载更好地获得不同加载阶段的试验数据,同时可控制试件因离散性原因所造成的试验结果差异较大情况,因此克服了单级加载的局限性,缩短了试验周期,已为广大研究人员所接受。

目前的岩土流变室内试验一般均采用分级增量加载方式进行。

2.4.2　加载应力确定

根据粉砂岩试件的基本力学性质测试试验结果,该粉砂岩试件的单轴抗压强度约为 50 MPa。由粉砂岩试件的三轴压缩变形试验结果可知:围压为 3 MPa 时,该岩石试件的三轴抗压强度约为 60 MPa。蠕变试验时参考上述试验结果进行试件极限抗压强度的取值。在围压为 0 MPa 及进行单轴压缩蠕变试验时,所施加的各级应力分别为极限抗压强度的 65%、75%、85%、90%、95%;当围压为 3 MPa 时,所施加的各级应力分别为极限抗压强度的 60%、70%、75%、85%、90%。应力加载方案见表 2-1。

2.4.3　试验步骤

围压为 0 MPa、3 MPa 时的岩石蠕变试验都是在 ZYSS2000 型岩石高温高压蠕变仪上进行的。围压 0 MPa 即进行单轴压缩蠕变试验。

试验步骤如下:

表 2-1 应力加载方案

围压/MPa	加载应力(极限抗压强度百分比)	测量内容(轴向应变)	加载时间/h	加载速率/(MPa/s)
	65%	ε_L	20	0.5
	75%	ε_L	20	0.5
0	85%	ε_L	20	0.5
	90%	ε_L	20	0.5
	95%	ε_L	20	0.5
	60%	ε_L	20	0.5
	70%	ε_L	20	0.5
3	75%	ε_L	20	0.5
	85%	ε_L	20	0.5
	90%	ε_L	20	0.5

（1）装样

首先取外形完好无损的岩样，无棱角磕碰。岩样尺寸规整，一般直径为（50±0.05）mm，上下端面平行且圆柱面与上下端面垂直；磨削加工。

岩样安放在底座上后用热缩管密封，热缩管一般选用缩前直径为 60 mm、耐油耐温的，截取长度为 200～220 mm，用热风枪密封。试件密封好后安装引伸计，安装好后取下定位稍，这样内部岩样安装过程就结束了。岩样安装图如图 2-8 所示。

(a)　　　　　　　　　　　　　(b)

图 2-8 岩样安装图

用起吊装置手动控制电动葫芦上下移动，将围压室上盖体扣装在底座上，落实无缝隙，分别装上承载挂体，再装上防护圈，整体装配完成后推至试验位置即可进行试验。

（2）预压

轴向压力应该先限制在 15～20 kN 范围内。轴向压力适当调整，尤其是施加围压时，随着围压增大，轴向压力也随着增大，为了避免围压过大而对轴向产生较大影响，轴向压力需适当调整。设置围压目标,点击前进按钮,围压油缸活塞前进。向围压腔中继续注油增大围压压力。当围压油缸移位至设置保护上限时点击停止按钮,然后点击后退按钮。软件自动打开注油阀,油缸活塞后退,后退到接近围压位移下限时点击停止按钮。重新点击前进按钮,此操作直到围压压力达到设定目标值为止,并且适当操作使油缸位移值达到 30 mm 左右为佳。

（3）加载

首先进行分段加载试验设置,每一段施加不同等级的荷载,加载速率参考国际岩石力学试验标准,取 0.5 MPa/s,然后在同一试件上由小到大进行加载。进行每一级应力加载时,首先要施加的是轴向荷载,应力加载到使试块达到预定的应力水平,接着就要进行保压,保压到每段试验规定时间再进行下一级加载,这样重复以上过程直到此次试验结束。

（4）记录

在施加荷载的过程中,ZYSS2000 型岩石高温高压蠕变仪可以自动采集试验过程中的位移、应变、应力、荷载等,并绘出各变量随时间的变化曲线。试验开始前合理确定数据采集系统的取样间隔时间,以方便后期的数据处理工作。试验结束后对每一次试验记录进行保存,并同步记录于试验记录本中,以便于数据管理。最后描述试件破坏形态,并记录有关情况。

2.5 蠕变试验结果分析

2.5.1 单轴压缩蠕变试验结果分析

首先进行了粉砂岩的单轴蠕变试验。根据在岩石蠕变仪上获得的岩样试件在不同应力状态下的蠕变试验曲线,分析粉砂岩的轴向应变随时间变化的规律和围岩的黏性、弹性、塑性应变特性及围岩的蠕变速率变化规律。

2.5.1.1 轴向蠕变变形分析

对所记录的试验数据进行分析处理得到如图 2-9 和图 2-10 所示曲线。

（1）在试验过程中,每一级施加的应力在没有达到试验设定值之前,试件表现为线弹性变形,由于该段时间与整个试验过程相比较短,因此可以认为:试件瞬时达到设定的轴向应力,产生了瞬时的轴向应变。从图 2-9 中蠕变试验曲线可以看出:试件的轴向应变随着轴向应力的增大而增大。

（2）当每一级荷载达到稳定及进入恒压阶段时,试块在产生瞬时轴向应变之后接着产生了随时间增加应变增大的蠕变变形。由图 2-9 可知:在每一级应力作用下,岩石蠕变曲线都表现出了两个蠕变阶段——衰减蠕变阶段和等速蠕变阶段。

（3）由蠕变实测曲线和蠕变加载曲线可知:试件产生了瞬时变形之后,应变增量随着时间逐渐减小,各应力水平下蠕变衰减阶段较明显。应力水平较低时,应变衰减时间较短,衰减后保持稳定。当应力水平提高时,试件蠕变衰减的时间增加。在整个试验过程中,当加载至应力为 51.15 MPa 的第 5 个分级时,试件在经过一定时间后加速蠕变,在较短的时间内即破坏。

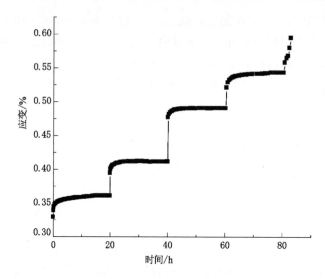

图 2-9　蠕变应变随时间增加的变化曲线(围压为 0 MPa)

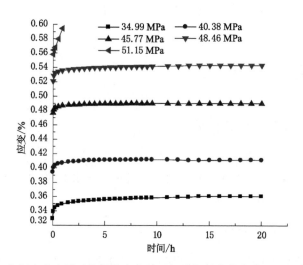

图 2-10　各级应力水平时的蠕变应变随时间增加的变化曲线(围压为 0 MPa)

2.5.1.2　围岩的黏、弹、塑性应变特性分析

在对试验所得数据分析整理时,因为岩石具有弹性、塑性和黏性共存的特性,因而总应变量 ε 由瞬弹应变 ε_{me}、瞬塑应变 ε_{mp}、黏弹性应变 ε_{ce} 和黏塑性应变 ε_{cp} 四部分组成(图 2-11)。

$$\varepsilon = \varepsilon_{me} + \varepsilon_{mp} + \varepsilon_{ce} + \varepsilon_{cp} \tag{2-1}$$

试验加载阶段,在每一级应力 σ_i 施加的瞬间,试件在试验中所产生的瞬时应变都由瞬时弹性应变和瞬时塑性应变组成,表达式如下:

$$\varepsilon_m^i = \varepsilon_{me}^i + \varepsilon_{mp}^i \tag{2-2}$$

式中　ε_m^i——第 i 级应力水平作用下的瞬时应变;

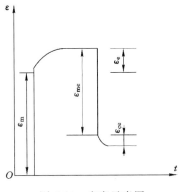

图 2-11　应变示意图

ε_{me}^{i}——瞬时弹性应变；

ε_{mp}^{i}——瞬时塑性应变。

由于试件在卸载后的瞬时应变可以完全恢复，所以加载过程中的瞬时应变可以根据试件在卸载后恢复的瞬时应变来获得。同理，当每级加载应力达到预定值后，岩石试件在试验过程中所产生的蠕变应变由黏弹性应变和黏塑性应变组成，表达式如下：

$$\varepsilon_{c}^{i} = \varepsilon_{ce}^{i} + \varepsilon_{cp}^{i} \tag{2-3}$$

式中，ε_{c}^{i} 为第 i 级应力水平作用下的黏性应变；ε_{ce}^{i} 为黏弹性应变；ε_{cp}^{i} 为黏塑性应变。

试件的黏弹性应变在卸载后也能随时间完全恢复，所以可以假定试件的黏弹性曲线在加载和卸载过程中是对称的，那么试件在加载过程中的黏弹性应变等于试件在卸载后随时间恢复的应变，如图 2-12 所示。

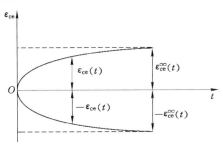

图 2-12　蠕变过程中的黏弹性应变

由式(2-2)和式(2-3)可以得到各应力水平 $\sigma_i(i=1,2,\cdots)$ 下的瞬时塑性应变和黏塑性应变。ε_{mp}^{i} 和 ε_{cp}^{i} 的表达式如下：

$$\varepsilon_{mp}^{i} = \varepsilon_{m}^{i} - \varepsilon_{me}^{i} \tag{2-4}$$

$$\varepsilon_{cp}^{i} = \varepsilon_{c}^{i} - \varepsilon_{ce}^{i} \tag{2-5}$$

由以上分析可知：式(2-4)、式(2-5)右边的各未知量可以由实测得到。所以每级应力 σ_i 作用下的瞬时应变和蠕变应变的表达式如下：

$$\varepsilon_{m}^{i} = \varepsilon_{me}^{i} + \varepsilon_{mp}^{i} = \varepsilon_{me}^{i} + \sum_{m=1}^{i} \Delta\varepsilon_{mp}^{n} \tag{2-6}$$

$$\varepsilon_{c}^{i} = \varepsilon_{ce}^{i} + \varepsilon_{cp}^{i} = \varepsilon_{ce}^{i} + \sum_{c=1}^{i} \Delta\varepsilon_{cp}^{n} \qquad (2-7)$$

式中 $\Delta\varepsilon_{mp}^{i}$ ——在 σ_i 级应力水平增量 $\Delta\sigma_i(\Delta\sigma_i = \sigma_i - \sigma_{i-1})$ 作用下产生的瞬时塑性应变
增量；

         $\Delta\varepsilon_{cp}^{i}$ ——在 σ_i 应力水平增量 $\Delta\sigma_i(\Delta\sigma_i = \sigma_i - \sigma_{i-1})$ 作用下产生的黏塑性应变增量。

由式(2-2)至式(2-7)可得到粉砂岩试件在各级应力作用下的瞬弹应变 ε_{me}、瞬塑应变 ε_{mp}、黏弹性应变 ε_{ce} 和黏塑性应变 ε_{cp}。根据试件在各级应力作用下的加卸载试验，得到了试件的瞬时应变和蠕变应变实测数据，见表 2-2。

表 2-2   各级加卸载条件下黏、弹、塑性应变实测值

分级应力/MPa	$\varepsilon_m/\times10^{-3}$	$\varepsilon_{me}/\times10^{-3}$	$\Delta\varepsilon_{mp}/\times10^{-3}$	$\varepsilon_c/\times10^{-3}$	$\varepsilon_{ce}/\times10^{-3}$	$\Delta\varepsilon_{cp}/\times10^{-3}$
34.99	3.183 5	2.659 7	0.523 8	0.311 99	0.174 65	0.137 34
40.38	4.312 7	3.569 9	0.742 8	0.197 01	0.189 01	0.008
45.77	4.656 4	3.829 8	0.826 6	0.139 6	0.129 03	0.010 57
48.46	5.090 1	4.099 8	0.990 3	0.227 01	0.169 99	0.057 02

由表 2-2 可以清楚看到岩石的蠕变变形量从低应力到高应力时先减小后增大，可以认为：在低应力作用下的蠕变是内部微裂纹不断压密所致，岩石发生应变硬化。而在高应力作用下，岩石材料开始不断劣化，产生内部损伤，岩石发生应变软化。这种岩石材料具有明显的蠕变特性，其蠕变与其受到的荷载历史有关，都具有黏、弹、塑性共存的特点。岩石试件的瞬弹性、瞬塑性和黏弹性在每级应力水平下都有显现。

2.5.1.3   蠕变速率分析

根据蠕变试验测得数据绘制粉砂岩分级加载下蠕变速率曲线，如图 2-13 所示。

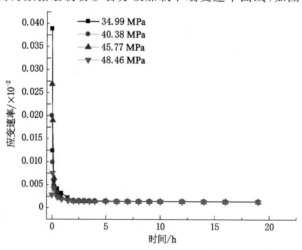

图 2-13   蠕变应变速率随时间增加的变化（围压为 0 MPa）

由图 2-13 所示岩样蠕变速率曲线可以看出:在第一级加载应力下,岩样的蠕变特性较显著,加载 10 h 后蠕变才趋于稳定,在之后各级应力作用下蠕变最终稳定时间逐渐缩短,其中第 4 级应力作用下试件在蠕变 2.5 h 后便趋于稳定。综上所述,岩样在中低应力作用下的蠕变特性随应力的增大而趋于不明显,超过某一高应力时又表现出较明显的蠕变特性,这一分析结果与上一节岩石蠕变过程中黏、弹、塑性应变分析结果一致,即岩石在中低应力作用下会硬化,当超过某一高应力时岩石内部损伤机制占据主导地位,最终蠕变破坏。

2.5.2 三轴压缩蠕变试验结果分析

众所周知,工程岩体一般都处于较复杂的三向应力状态下,为了研究岩体所受周围应力对其蠕变特性的影响,本书对所取岩样试件进行了有围压下的蠕变试验,即三轴蠕变试验,得到了围压下岩石蠕变试验数据和蠕变曲线,并研究了围压对岩石蠕变性质的影响规律。

2.5.2.1 轴向蠕变变形分析

将所得试验数据进行处理,得到如图 2-14 和图 2-15 所示曲线。

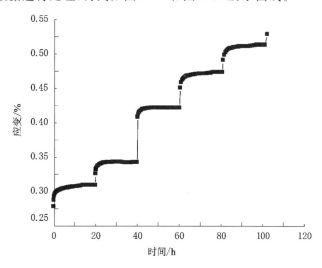

图 2-14 蠕变应变随时间增加的变化曲线(围压为 3 MPa)

(1) 在瞬间施加轴向荷载时,试件瞬时产生相当大的轴向应变,该应变随着轴向应力的增大而增大。由图 2-14 可知:试件的瞬时应变增量有随着应力的增大而增大的趋势。

(2) 当试件所受荷载达到预定值之后,岩石进入了衰减蠕变阶段,而且各级应力加载下的岩石衰减蠕变阶段较显著。岩石在较低应力水平作用下,应变在短时间内衰减,然后保持稳定。随着应力水平的提高,岩石蠕变进入稳速蠕变阶段。图 2-15 所示应变-时间关系曲线近似为直线,且有一定的斜率,应力越大该阶段表现越明显。当达到破坏应力时,试件经过典型蠕变三个阶段后破坏。

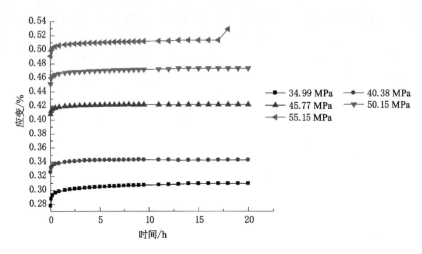

图 2-15　各级应力作用下蠕变应变随时间增加的变化曲线（围压为 3 MPa）

2.5.2.2　围岩的黏、弹、塑性应变特性分析

根据式（2-2）至式（2-7）的岩石黏、弹、塑性应变分析原理，计算粉砂岩试件在三轴加载条件下的蠕变，最后得到岩样在各分级加载应力作用下的瞬弹应变 ε_{me}、瞬塑应变 ε_{mp}、黏弹性应变 ε_{ce} 和黏塑性应变 ε_{cp}。根据试件在各级应力作用下的加卸载试验，得到了瞬时应变和蠕变应变实测数据（表 2-3）。

表 2-3　各级加卸载条件下黏、弹、塑性应变实测值

分级应力/MPa	$\varepsilon_m / \times 10^{-3}$	$\varepsilon_{me} / \times 10^{-3}$	$\Delta\varepsilon_{mp} / \times 10^{-3}$	$\varepsilon_c / \times 10^{-3}$	$\varepsilon_{ce} / \times 10^{-3}$	$\Delta\varepsilon_{cp} / \times 10^{-3}$
34.99	2.629 89	2.003 96	0.625 93	0.113 60	0.079 91	0.033 69
40.38	3.498 56	2.649 98	0.848 58	0.151 69	0.102 90	0.048 79
45.77	3.939 80	3.015 99	0.923 81	0.160 99	0.118 09	0.042 90
50.15	4.394 97	3.389 65	1.005 32	0.173 99	0.144 01	0.029 98

由表 2-3 可以看出：有围压时，岩石轴向蠕变应变随着应力水平的提高不断增大，蠕变总体呈增大趋势，这不同于单轴条件下先减小后增大的试验结果，说明了整个试验过程中岩样随着应力水平的提高表现出软化材料的性质。以上分析表明：岩石在有围压条件下蠕变变形随着应力水平的提高不断增大，整个试验过程中岩石材料持续损伤劣化。

2.5.3　围压对岩石蠕变的影响分析

2.5.3.1　轴向变形对比分析

本书对潘三矿巷道粉砂岩进行了围压为 0 MPa 和围压为 3 MPa 的压缩蠕变试验，为了便于对比分析，两次试验的分级加载应力相近。

图 2-16 为岩石蠕变试验应变曲线对比。为了对比分析，试验中各级加载应力相近的单

轴与围压为 3 MPa 时的蠕变曲线绘于图 2-16。由蠕变对比曲线可知：围压为 3 MPa 时，每级加载应力下岩样的蠕变应变值小于围压为 0 MPa 时的蠕变应变值，因此围压越大，岩样的蠕变应变值越小，说明围压明显约束了岩石的蠕变变形。岩石在受到相同压应力作用时，一部分应力需要克服围压的约束作用而使实际岩石所受到的应力值小于单轴条件下的应力值，故其应变值明显减小。

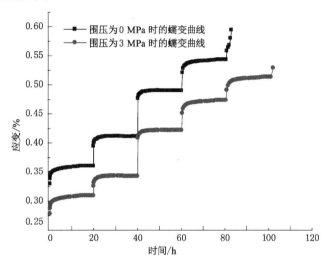

图 2-16　蠕变试验应变曲线对比

2.5.3.2　蠕变破坏对比分析

图 2-17 和图 2-18 分别为单轴和三轴岩石蠕变试验的实测曲线。

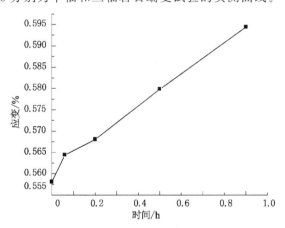

图 2-17　蠕变试验破坏曲线（围压为 0 MPa）

由单轴蠕变破坏曲线可知岩石在单轴条件下蠕变破坏有一个共同的特点：岩石在破坏应力作用下，经过一段时间的衰减蠕变之后并没有出现明显的等速蠕变阶段，而直接瞬间加速破坏，岩石表现为脆性蠕变破坏。

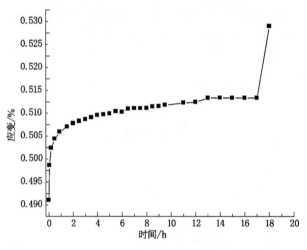

图 2-18　蠕变试验破坏曲线（围压为 3 MPa）

三轴时的破坏曲线明显不同于单轴，岩石受到侧向压力作用时，在轴向破坏应力作用下蠕变经历了三个阶段：

（1）衰减蠕变阶段，加载初期岩石经过瞬间弹性变形后在较短时间内变形趋于稳定，蠕变应变率降低为 0。

（2）等速蠕变阶段，岩石在该阶段内部微元体不断屈服，微裂纹、微孔洞扩展，蠕变应变增大，微结构不断调整，达到动态平衡。同时由于围压的存在，而使得微观上的材料弱化有了一个缓慢进行的过程，该阶段应变随时间线性增大，蠕变率保持稳定。

（3）加速蠕变阶段，岩石在经过较长时间的微损伤和微调整的动态平衡后，裂隙扩展、贯通，岩石产生较大程度的弱化，不足以承载现有外界应力而屈服破坏。

围压对岩石的蠕变破坏特性具有较大影响，随着围压的增大，能够增加岩石的蠕变破坏时间，破坏前有明显的等速蠕变阶段。所以实际工程中进行地下结构开挖后及时对其进行一定的支护等同于增大围压，有利于工程的安全和稳定。

2.6　本章结论

本章以淮南矿业集团潘三矿巷道粉砂岩为研究对象，利用 ZYSS2000 型岩石高温高压蠕变仪对该类岩石进行了单轴和三轴压缩蠕变试验，对其蠕变特性进行了初步探索，得到以下几点结论：

（1）单轴加载条件下，岩石先产生瞬时轴向变形，进入恒压阶段后，岩石产生了蠕变变形，并且出现两个蠕变阶段——衰减蠕变阶段和等速蠕变阶段。

（2）通过对单轴条件下黏、弹、塑性应变特性分析得出：岩石的蠕变变形量随着应力增大先减小后增大，在低应力作用下岩石应变硬化，而在高应力作用下岩石应变软化。

（3）对单轴蠕变过程中蠕变速率的分析得出：岩样在中低应力作用下的蠕变特性随应力的增大趋于不明显，而超过某一应力值时又比较明显。

（4）通过对三轴压缩试验的黏、弹、塑性应变特性分析得出：由于围压的存在，去除了单轴压缩试验中岩石在低应力作用下的应变硬化过程,岩石的蠕变变形量随着应力水平的提高而不断增大,试验过程中岩样不断损伤劣化,表现出软化材料性质。当达到破坏应力时,岩样会经过典型的蠕变三阶段后破坏。

(5)由单轴和三轴加载条件下的轴向变形和蠕变破坏对比分析可知:围压对岩石蠕变有约束作用,围压越大,岩石的蠕变应变值越小。在蠕变破坏应力作用下,单轴蠕变没有出现等速蠕变而从衰减蠕变阶段直接加速破坏,表现出脆性蠕变破坏。三轴蠕变由于围压的存在而使得岩石破坏过程减缓,出现了时间较长且应变速率较大的等速蠕变阶段,表现出较明显的黏塑性破坏特点,并且围压越大这一特点越明显。

(6)由岩石蠕变试验结果可知:围压对岩石的蠕变特性具有较大影响,围压增大能够增加岩石的蠕变破坏时间。所以在支护工程中,支护结构具有足够的支撑能力,与围岩相互作用良好,巷道开挖后及时进行支护,相当于增大了围压,大幅度增加围岩蠕变破坏的时间,从而提高了围岩的整体稳定性,有利于工程的安全和稳定。

3 深部软岩巷道局部弱支护效应分析

深部软岩巷道所处环境地质条件恶劣、地压显现大,预选支护形式往往不完全符合围岩变形特点,因此要找到实际工程中支护的薄弱环节,以便对支护结构加以改进。改进过程中会出现一项技术难题——巷道围岩失稳破坏常以底鼓和顶帮破坏并发的形式出现,较难区分这种破坏是巷道全周边支护抗力不足所导致的,还是局部支护抗力不足所导致的。巷道局部弱支护是支护工程中比较常见的现象,其在理论上缺乏深入研究。研究深部巷道局部弱支护机理以及其发展过程,对于改进巷道支护结构和完善支护设计具有相当重要的意义。本章以圆形断面巷道为例,分析巷道局部弱支护效应及弱支护对巷道周边的不利影响,为巷道支护结构的设计提供理论依据,并推导得出局部弱支护巷道的应力和位移解析解。

3.1 圆形巷道局部弱支护力学模型建立及弹性解析

以圆形巷道断面为例。将图 3-1 和图 3-2 中两种荷载引起的弹性应力场根据叠加原理进行叠加,得到了局部弱支护巷道的弹性应力场,如图 3-3 所示。

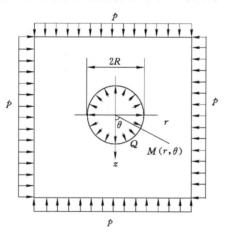

图 3-1 全周边支护抗力弹性应力场示意图

在图 3-1 中,作用在巷道围岩上的荷载为孔周边均布的支护抗力 Q 和原岩应力 p,而其引起的位移和应力是中心对称的,计算公式为:

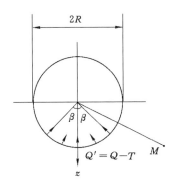

图 3-2　局部弱支护弹性应力场示意图

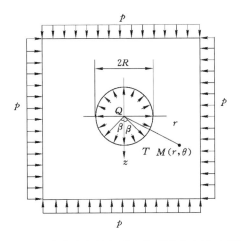

图 3-3　原岩应力与局部弱支护弹性应力场示意图

$$
\begin{cases}
\sigma_r^{(1)} = -p + (p - Q)\dfrac{R^2}{r^2} \\[3mm]
\sigma_\theta^{(1)} = -p - (p - Q)\dfrac{R^2}{r^2} \\[3mm]
\tau_{r\theta}^{(1)} = 0
\end{cases}
\tag{3-1}
$$

$$
\begin{cases}
u_r^{(1)} = -\dfrac{(p - Q)R}{2G}\dfrac{R}{r} \\[3mm]
u_\theta^{(1)} = 0
\end{cases}
\tag{3-2}
$$

式(3-1)中上标(1)表示由原岩应力和全周边均布支护抗力共同引起的弹性应力场。

在图 3-2 中,仅在孔表面 2β 角的圆弧上施加反向荷载 $Q' = Q - T$,所引起的弹性应力场代表局部弱支护效应。如果底板 2β 角的弧段不支护,则 $T = 0$,$Q' = Q$,但是方向相反。下面推导 Q' 所引起的应力和位移。

因为 Q' 关于 z 轴对称,因此将其展开为傅立叶级数:

$$
Q'(\theta) = \frac{q_0}{2} + \sum_{n=1}^{\infty} q_n \cos(n\theta)
$$

式中，q_0，q_1，q_2，…为傅氏系数。

$$q_0 = \frac{1}{\pi} \int_{-\beta}^{+\beta} Q' \mathrm{d}\theta = \frac{2}{\pi} q' \beta$$

$$q_n = \frac{1}{\pi} \int_{-\beta}^{+\beta} Q' \cos(n\theta) \mathrm{d}\theta = \frac{2q'}{n\pi} \sin(n\beta) \quad (n = 1, 2, 3, \cdots)$$

代入级数公式中得：

$$q'(\theta) = \frac{Q'}{\pi} \left[\beta + 2 \sum_{n=1}^{\infty} \frac{1}{n} \sin(n\beta) \cos(n\theta) \right] \tag{3-3}$$

这个级数公式在 2β 角的弧段上各处值为 Q'，而在周边其余部分值为 0，等同于仅在 2β 角弧段上施加均布荷载 Q'。为了推导 $Q'(\theta)$ 所引起的弹性应力场，将应力函数写成无穷级数形式，即

$$\varphi = b_0 \ln r + b_1 r\theta \sin\theta + (c_1 r \ln r + d_1 r^{-1}) \cos\theta + \sum_{n=2}^{\infty} (b_n r^{-n+2} + d_n r^{-n}) \cos(n\theta)$$

$$\tag{3-4}$$

构成式(3-4)的每一项都取自极坐标系应力函数的通解，这样能够保证应力函数的正确性。其中 b_0，b_1，c_1，d_1，b_n，d_n 等为待定常数。

在极坐标系中，应力函数、位移、应力及应变存在以下关系式。

应力分量为：

$$\begin{cases} \sigma_r = \frac{1}{r} \frac{\partial \varphi}{\partial r} + \frac{1}{r^2} \frac{\partial^2 \varphi}{\partial \theta^2} \\[2mm] \sigma_\theta = \frac{\partial^2 \varphi}{\partial r^2} \\[2mm] \tau_{r\theta} = -\frac{\partial}{\partial r} \left(\frac{1}{r} \frac{\partial \varphi}{\partial \theta} \right) \end{cases} \tag{3-5}$$

应变-应力关系式为：

$$\begin{cases} \varepsilon_r = \frac{1}{2G} \left[\sigma_r - \upsilon(\sigma_r + \sigma_\theta) \right] \\[2mm] \varepsilon_\theta = \frac{1}{2G} \left[\sigma_\theta - \upsilon(\sigma_r + \sigma_\theta) \right] \\[2mm] \gamma_{r\theta} = \frac{1}{G} \tau_{r\theta} \end{cases} \tag{3-6}$$

应变-位移关系式为：

$$\begin{cases} \varepsilon_r = \frac{\partial u_r}{\partial r} \\[2mm] \varepsilon_\theta = \frac{1}{r} \left(\frac{\partial u_\theta}{\partial \theta} + u_r \right) \\[2mm] \gamma_{r\theta} = \frac{1}{r} \frac{\partial u_r}{\partial \theta} + \frac{\partial u_\theta}{\partial r} - \frac{u_r}{r} \end{cases} \tag{3-7}$$

由图 3-2 可知边界上的应力必须满足：

$$\begin{cases} (\sigma_r)_{r=R} = Q'(\theta) \\ (\tau_{r\theta})_{r=R} = 0 \end{cases} \quad (\text{在孔周边上}) \tag{3-8}$$

$$\sigma_r = \sigma_\theta = \tau_{r\theta} = 0 \quad (r \to \infty) \tag{3-9}$$

因为位移场应关于 z 轴对称,所以满足:

$$\begin{cases} u_r(\theta) = u_r(-\theta) \\ u_\theta(\theta) = -u_\theta(-\theta) \end{cases} \tag{3-10}$$

此外,要对位移规定合适的约束条件,使 u_r 在远离孔洞处接近 0。

将式(3-4)代入式(3-5),微分运算后得:

$$\begin{cases} \sigma_r = b_0 r^{-2} + (2b_1 + c_1 - 2d_1 r^{-2}) r^{-1} \cos\theta + \sum_{n=2}^{\infty} r^{-n} [b_n(n-1)(n+2) + d_n n(n+1) r^{-2}] \cos(n\theta) \\ \sigma_\theta = -b_0 r^{-2} + (c_1 + 2d_1 r^{-2}) r^{-1} \cos\theta + \sum_{n=2}^{\infty} r^{-n} [b_n(n-1)(n-2) + d_n n(n+1) r^{-2}] \cos(n\theta) \\ \tau_{r\theta} = (c_1 - 2d_1 r^{-2}) r^{-1} \sin\theta - \sum_{n=2}^{\infty} r^{-n} [b_n n(n+1) + d_n n(n+1) r^{-2}] \sin(n\theta) \end{cases} \tag{3-11}$$

式(3-11)为 r 的负幂次函数,因此需满足条件式(3-9)。将式(3-11)代入式(3-8),再利用式(3-3),便能列出待定系数表达式。

$$b_0 R^{-2} = \frac{Q'}{\pi}\beta \tag{3-12}$$

$$2b_1 R^{-1} = \frac{2Q'}{\pi}\sin\beta \tag{3-13}$$

$$c_1 - 2d_1 R^{-2} = 0 \tag{3-14}$$

$$\begin{cases} R^{-n}[b_n(n-1)(n+2) + d_n n(n+1) R^{-2}] = \frac{2Q'}{n\pi}\sin(n\beta) \\ R^{-n}[b_n n(n-1) + d_n n(n+1) R^{-2}] = 0 \end{cases} \tag{3-15}$$

因而得到:

$$\begin{cases} b_0 = \frac{\beta}{\pi}Q'R^2 \\ b_1 = \frac{Q'R}{\pi}\sin\beta \\ b_n = \frac{Q'R^n}{n(n-1)\pi}\sin(n\beta) \\ d_n = -\frac{Q'R^{n+2}}{n(n+1)\pi}\sin(n\beta) \end{cases} \quad (n = 2, 3, \cdots) \tag{3-16}$$

有 c_1 与 d_1 这 2 个未知数却只有一个等式(3-14),因此尚不能进行求解。

将式(3-11)代入式(3-6)得:

$$
\begin{cases}
\varepsilon_r = \dfrac{1}{2G} \{ b_0 r^{-2} + [2(1-\upsilon)b_1 + (1-2\upsilon)c_1 - 2d_1 r^{-2}] r^{-1} \cos\theta - \\
\qquad \sum_{n=2}^{\infty} r^{-n} [b_n(n-1)(n+2-4\upsilon) + d_n n(n+1)r^{-2}] \cos(n\theta) \} \\[2mm]
\varepsilon_\theta = \dfrac{1}{2G} \{ -b_0 r^{-2} + [-2\upsilon b_1 + (1-2\upsilon)c_1 + 2d_1 r^{-2}] r^{-1} \cos\theta + \\
\qquad \sum_{n=2}^{\infty} r^{-n} [b_n(n-1)(n-2+4\upsilon) + d_n n(n+1)r^{-2}] \cos(n\theta) \} \\[2mm]
\gamma_{r\theta} = \dfrac{1}{G} \{ (c_1 - 2d_1 r^{-2}) r^{-1} \sin\theta - \sum_{n=2}^{\infty} r^{-n} [b_n n(n-1) + d_n n(n+1)r^{-2}] \sin(n\theta) \}
\end{cases}
$$

$$(3\text{-}17)$$

将式(3-17)中的 ε_r、ε_θ 分别代入式(3-7)，积分运算得到：

$$
u_r = \int \varepsilon_r \mathrm{d}r = \frac{1}{2G} \{ -b_0 r^{-1} + [2(1-\upsilon)b_1 + (1-2\upsilon)c_1] \ln r \cos\theta +
$$

$$
d_1 r^{-2} \cos\theta + \sum_{n=2}^{\infty} r^{-n+1} [b_n(n+2-4\upsilon) + d_n n r^{-2}] \cos(n\theta) \} + f(\theta) \tag{3-18}
$$

$$
u_\theta = \frac{1}{2G} \{ [-2\upsilon b_1 + (1-2\upsilon)c_1 - 2(1-\upsilon)b_1 \ln r - (1-2\upsilon)c_1 \ln r + d_1 r^{-2}] \sin\theta +
$$

$$
\sum_{n=2}^{\infty} r^{-n+1} [b_n(n-4+4\upsilon) + d_n n r^{-2}] \sin(n\theta) \} - \int f(\theta) \mathrm{d}\theta + g(r) \tag{3-19}
$$

式(3-18)和式(3-19)中的 $f(\theta)$、$g(r)$ 是待定函数，由约束条件确定。

将式(3-18)和式(3-19)代入式(3-7)中的 $\gamma_{r\theta}$ 表达式，则有：

$$
\gamma_{r\theta} = \frac{1}{G} \{ -[(1-2\upsilon)(b_1+c_1) + 2d_1 r^{-2}] r^{-1} \sin\theta - \sum_{n=1}^{\infty} r^{-n} [b_n n(n-1) + d_n(n+1)r^{-2}] \sin(n\theta) \} +
$$

$$
\frac{1}{r} \left[\int f(\theta)\mathrm{d}\theta + \frac{\mathrm{d}}{\mathrm{d}\theta} f(\theta) \right] + \frac{\mathrm{d}}{\mathrm{d}r} g(r) - \frac{1}{r} g(r) \tag{3-20}
$$

式(3-20)和式(3-17)中的剪应变 $\gamma_{r\theta}$ 相同，则：

$$
-(1-2\upsilon)(b_1+c_1) = c_1 \tag{3-21}
$$

$$
\int f(\theta)\mathrm{d}\theta + \frac{\mathrm{d}}{\mathrm{d}\theta} f(\theta) = 0 \tag{3-22}
$$

$$
\frac{\mathrm{d}}{\mathrm{d}r} g(r) - \frac{1}{r} g(r) = 0 \tag{3-23}
$$

由式(3-21)和式(3-13)可得：

$$
c_1 = -\frac{1-2\upsilon}{2(1-\upsilon)} \frac{Q'R}{\pi} \sin\beta \tag{3-24}
$$

代入式(3-14)得：

$$
d_1 = -\frac{1-2\upsilon}{4(1-\upsilon)} \frac{Q'R^3}{\pi} \sin\beta \tag{3-25}
$$

那么式(3-11)中的所有待定系数都已确定。代入后获得应力求解表达式(3-26)。

$$
\begin{cases}
\sigma_r = \dfrac{Q'R}{r}\dfrac{1}{\pi}\left\{\beta\dfrac{R}{r} + \left(\dfrac{3-2\upsilon}{2-2\upsilon} + \dfrac{1-2\upsilon}{2-2\upsilon}\dfrac{R^2}{r^2}\right)\sin\beta\cos\beta + \right.\\
\qquad\qquad \left.\sum\limits_{n=2}^{\infty}\left(\dfrac{R}{r}\right)^{n-1}\left(\dfrac{n+2}{n} - \dfrac{R^2}{r^2}\right)\sin(n\beta)\cos(n\beta)\right\}\\
\sigma_\theta = -\dfrac{Q'R}{r}\dfrac{1}{\pi}\left\{\beta\dfrac{R}{r} + \dfrac{1-2\upsilon}{2-2\upsilon}\left(1+\dfrac{R^2}{r^2}\right)\sin\beta\cos\beta + \right.\\
\qquad\qquad \left.\sum\limits_{n=2}^{\infty}\left(\dfrac{R}{r}\right)^{n-1}\left(\dfrac{n+2}{n} - \dfrac{R^2}{r^2}\right)\sin(n\beta)\cos(n\beta)\right\}\\
\tau_{r\theta} = -\dfrac{Q'R}{r}\dfrac{1}{\pi}\left(1-\dfrac{R^2}{r^2}\right)\left[\dfrac{1-2\upsilon}{2-2\upsilon}\sin\beta\cos\beta - \sum\limits_{n=2}^{\infty}\left(\dfrac{R}{r}\right)^{n-1}\sin\beta\cos\beta\right]
\end{cases}
\tag{3-26}
$$

接下来确定函数 $f(\theta)$ 与 $g(r)$。解方程式(3-22)和式(3-23),得到:

$$
f(\theta) = A\sin\theta + B\cos\theta \tag{3-27}
$$

$$
g(r) = Cr \tag{3-28}
$$

式中,A、B、C 为积分常数。

将式(3-27)、式(3-28)代入式(3-19),并利用对称条件 $u_\theta(\theta) = -u_\theta(-\theta)$,就可以确定 $A=C=0$,则 $g(r)=0$,而 $f(\theta) = B\cos\theta$,这表明孔洞围岩具有平行于 z 轴的刚体位移 B,该刚体位移由于荷载 Q' 不是平衡力系,所以其合力方向与 $-z$ 轴方向一致,刚体位移也应在 $-z$ 轴方向。因此,改变了积分常数形式,将 $f(\theta)$ 写成:

$$
f(\theta) = -\frac{1}{2G}\left[2(1-\upsilon)b_1 + (1-2\upsilon)c_1\right]\ln R'\cos\theta \tag{3-29}
$$

将式(3-29)、式(3-12)、式(3-24)和式(3-25)一起代入式(3-18)和式(3-19)得到位移解析式:

$$
\begin{cases}
u_r = -\dfrac{Q'R}{2G}\dfrac{1}{\pi}\left\{\beta\dfrac{R}{r} + \left(\dfrac{3-4\upsilon}{2-2\upsilon}\ln\dfrac{R'}{r} + \dfrac{1-2\upsilon}{4-4\upsilon}\dfrac{R^2}{r^2}\right)\sin\beta\cos\theta + \right.\\
\qquad\qquad \left.\sum\limits_{n=2}^{\infty}\left(\dfrac{R}{r}\right)^{n-1}\left[\dfrac{n+2-4\upsilon}{n(n-1)} + \dfrac{1}{n+1}\dfrac{R^2}{r^2}\right]\sin(n\beta)\cos(n\theta)\right\}\\
u_\theta = -\dfrac{Q'R}{2G}\dfrac{1}{\pi}\left\{\dfrac{1}{2-2\upsilon}\left[1 - (3-4\upsilon)\ln\dfrac{R'}{r} + \dfrac{1-2\upsilon}{2}\dfrac{R^2}{r^2}\right]\sin\beta\sin\theta + \right.\\
\qquad\qquad \left.\sum\limits_{n=2}^{\infty}\left(\dfrac{R}{r}\right)^{n-1}\left[\dfrac{n-4+4\upsilon}{n(n-1)} + \dfrac{1}{n+1}\dfrac{R^2}{r^2}\right]\sin(n\beta)\sin(n\theta)\right\}
\end{cases}
\tag{3-30}
$$

式中,常数 R' 根据约束条件确定。

如果把约束条件规定为:当 $r\to\infty$ 时,$u_r=0$,则必须取 $R'\to\infty$,那么孔附近各点位移不能确定。事实上,r 达到 6 倍孔洞半径时 u_r 就接近 0。因此,在 $+z$ 轴上取一点,其坐标为:$r=kR$,$\theta=0$。假设该点径向位移 $u_r=0$,并使式(3-30)中 u_r 表达式满足此约束条件,因此得到:

$$
\frac{\beta}{k} + \left(\frac{3-4\upsilon}{2-2\upsilon}\ln\frac{R'}{kR} + \frac{1-2\upsilon}{4-4\upsilon}\frac{1}{k^2}\right)\sin\beta + \sum_{n=2}^{\infty}\frac{1}{k^{n-1}}\left[\frac{n+2-4\upsilon}{n(n-1)} + \frac{1}{n+1}\frac{1}{k^2}\right]\sin(n\beta) = 0
$$

解方程式得:

$$R' = \frac{kR}{e^F} \tag{3-31}$$

指数 F 取决于 β、υ、k。

$$F = \frac{2(1-\upsilon)}{3-4\upsilon}\left\{\frac{\beta}{k\sin\beta} + \frac{1-2\upsilon}{4-4\upsilon}\frac{1}{k^2} + \frac{1}{\sin\beta}\sum_{n=2}^{\infty}\frac{1}{k^{n-1}}\left[\frac{n+2-4\upsilon}{n(n-1)} + \frac{1}{n+1}\frac{1}{k^2}\right]\sin(n\beta)\right\} \tag{3-32}$$

当 $\upsilon = 0.3$, $\beta = 15° \sim 60°$ 时，取 $k = 6$，由式(3-32)求得 $F = 0.53 \sim 0.34$，代入式(3-31)得到 $R' = (3.53 \sim 4.27)R$。R' 的变化范围不大，通常取 $R' = 4R$ 就能使 u_r 在 $r \approx 6R$ 处接近 0，通过此约束条件求得的弹性位移才具有现实意义。

为了能与图 3-1 对应，把图 3-2 的弹性场加上标(2)，那么解答式(3-26)、式(3-30)表达式可以简写成：

$$\begin{cases} \sigma_r^{(2)} = f_1 Q' \dfrac{R^2}{r^2} \\[2mm] \sigma_\theta^{(2)} = -f_4 Q' \dfrac{R^2}{r^2} \\[2mm] \tau_{r\theta}^{(2)} = -f_3 Q' \dfrac{R}{r} \end{cases} \tag{3-33}$$

$$\begin{cases} u_r^{(2)} = -f_4 Q' \dfrac{R^2}{2Gr} \\[2mm] u_\theta^{(2)} = -f_5 Q' \dfrac{R}{2G} \end{cases} \tag{3-34}$$

$f_1 \sim f_5$ 是局部荷载对弹性场分布形态的影响系数，表达式略。常数 R' 一般取 $R' = 4R$。

最后，将图 3-1 与图 3-2 的弹性场相叠加，就能得到图 3-3 所示局部弱支护巷道的弹性解：

$$\begin{cases} \sigma_r = \sigma_r^{(1)} + \sigma_r^{(2)} = -P + (P - Q + f_1 Q')\dfrac{R^2}{r^2} \\[2mm] \sigma_\theta = \sigma_\theta^{(1)} + \sigma_\theta^{(2)} = -P - (P - Q + f_2 Q')\dfrac{R^2}{r^2} \\[2mm] \tau_{r\theta} = \tau_{r\theta}^{(2)} = -f_3 Q' \dfrac{R}{r} \end{cases} \tag{3-35}$$

$$\begin{cases} u_r = u_r^{(1)} + u_r^{(2)} = -(P - Q + f_4 Q')\dfrac{R^2}{2Gr} \\[2mm] u_\theta = u_\theta^{(2)} = -f_5 Q' \dfrac{R}{2G} \end{cases} \tag{3-36}$$

能够看出：若孔表面 2β 角内缺少支护抗力 Q'，那么孔周边的支护效果将削弱，围岩稳定性降低，其特点如下：

(1) 在 $-\beta \leqslant \theta \leqslant \beta$ 区域内，围岩位移与全周边均匀支护时相比增大 $(60\% \sim 70\%)q'r/(2G)$，该区域的围岩应力状态与不支护时接近，过量的围岩移近表现为局部鼓出，这是由原岩应力所驱使的，称为主动鼓出。主动鼓出区内的围岩松动最明显，如图 3-4 所示。

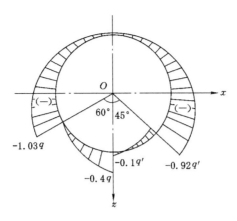

图 3-4　孔周边 $\sigma_\theta^{(2)}$ 分布图

（2）在 $-(\pi-\beta)>\theta>(\pi-\beta)$ 区域内，巷道围岩应力与全周边支护时接近，σ 减小，围岩松动有所加剧，该区域称为被动鼓出区，这是其位移量中有一部分是由于对应于 2β 角的孔表面的支护抗力不足所导致的，如图 3-5 所示。

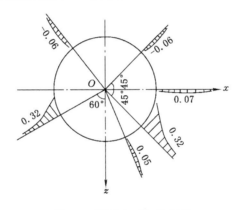

图 3-5　围岩内 $\tau_{r\theta}^{(2)}$ 分布图

（3）在 Ox 轴两侧 $\pi-\beta$ 区域内，切向应力明显增大，由于切向挤压，而造成围岩位移有所减小。在 Ox 轴下方有较大剪应力 τ 出现，该区域围岩最容易出现剪切破坏，如图 3-6 所示。

在巷道支护工程中，底板支护往往不受到重视。上述弹性分析表明：底板不支护或者弱支护时不但产生底鼓，而且顶板会下沉破坏，这样会造成巷道两帮遭受切向挤压并出现很大的剪应力 τ，围岩易受到剪切破坏。反过来，若巷道顶部弱支护或支护结构不贴顶，那么顶部围岩会产生破坏，底鼓量也会增大。若巷道两帮弱支护或支护结构不贴帮，则巷道的顶底板都容易遭到剪切而破坏。

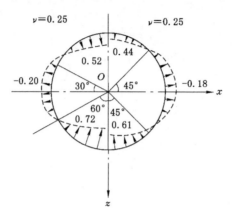

图 3-6 孔周边径向位移分布图(单位:mm)

3.2 局部弱支护巷道的流变变形

软岩巷道变形随着时间增加而增大的过程可以用流变分析加以研究。现考虑图 3-1 所示弱支护圆形巷道,假设巷道围岩是均质线性黏弹性材料,支护抗力与围岩表面位移有关,也随时间变化,记为 $q(t)$ 和 $\tau(t)$,弱支护部位的卸载强度为 $q'=q(t)-\tau(t)$。为了方便解析,设围岩的泊松比不随时间变化,那么式(3-33)、式(3-34)中 f 值也不随时间变化。由式(3-37)就能得到相对应的黏弹性应力:

$$
\begin{cases}
\sigma_r(t) = -p\left(1-\dfrac{R^2}{r^2}\right) - q(t)\dfrac{R^2}{r^2} + f_1 q'(t)\dfrac{R^2}{r^2} \\[2mm]
\sigma_\theta(t) = -p\left(1+\dfrac{R^2}{r^2}\right) + q(t)\dfrac{R^2}{r^2} - f_2 q'(t)\dfrac{R^2}{r^2} \\[2mm]
\tau_{r\theta}(t) = -f_3 q'(t)\dfrac{R}{r}
\end{cases}
\tag{3-37}
$$

围岩应力分布求解与上述弹性解法相近。假如不安装支架,那么其应力和弹性解完全一样。安装支架后,$q(\tau)$ 及 $q'(\tau)$ 引起的应力随荷载的变化而变化,与材料的流变特性无关,利用开尔文模型来模拟围岩的流变特性。

设 η,G 分别表示围岩的黏滞系数和长期剪切模量。时间 τ 从开挖时刻算起,那么 p 引起的位移为:

$$
u_r^p(t) = -\frac{pR^2}{2Gr}(1-\mathrm{e}^{-Gt/\eta})
\tag{3-38}
$$

渐变荷载 $q(t)$ 及 $q'(t)$ 和孔表面位移有关系,设为:

$$
\begin{cases}
q(t') = q_l(1-\mathrm{e}^{-at'}) \\
q'(t') = q'_l(1-\mathrm{e}^{-bt'})
\end{cases}
\tag{3-39}
$$

q_l,a 及 q'_l,b 可根据支架实测荷载曲线拟合确定。经推导,$q(\tau)$ 及 $q(\tau')$ 所引起的位移分别为:

$$\begin{cases} u_r^q(t') = \dfrac{q_l R^2}{2Gr}\big[1 - \mathrm{e}^{-Gt'/\eta} - A(t')\big] \\[3mm] u_r^{q'}(t') = -\dfrac{q'_l R^2}{2Gr}\big[1 - \mathrm{e}^{-Gt'/\eta} - B(t')\big] f_4 \\[3mm] u_\theta^{q'}(t') = -\dfrac{q'_l R}{2G}\big[1 - \mathrm{e}^{-Gt'/\eta} - B(t')\big] f_5 \end{cases} \tag{3-40}$$

函数 $A(t')$ 与 $B(t')$ 分别为：

$$\begin{cases} A(t') = \dfrac{1}{1 - a\eta/G}(\mathrm{e}^{-at'} - \mathrm{e}^{-Gt'/\eta}) \\[3mm] B(t') = \dfrac{1}{1 - b\eta/G}(\mathrm{e}^{-bt'} - \mathrm{e}^{-Gt'/\eta}) \end{cases} \tag{3-41}$$

时间 t' 以支架安设时刻为起点。

将以上 3 种荷载引起的位移叠加，就得到了弱支护围岩黏弹性位移。统一取 $t=0$ 为时间起点，支架安设时间记作 t''，则 $t'=t-t''$，时刻 t 的围岩位移为：

$$\begin{cases} u_r(t) = -\dfrac{R^2}{2Gr}\big[p(1 - \mathrm{e}^{-Gt/\eta} - (q_l - f_4 q'_l)(1 - \mathrm{e}^{-G(t-t'')/\eta}) + q_l A(t) - f_4 q'_l B(t - t'')\big] \\[3mm] u_\theta(t) = -\dfrac{R}{2G} f_5 q'_l\big[1 - \mathrm{e}^{-G(t-t'')/\eta} - B(t - t'')\big] \end{cases}$$

$$\tag{3-42}$$

$t \to \infty$ 时，得到长期稳定位移：

$$\begin{cases} u_r(\infty) = -\dfrac{R^2}{2Gr}(p - q_l + f_4 q'_l) \\[3mm] u_\theta(\infty) = -\dfrac{R}{2G} f_5 q'_l \end{cases} \tag{3-43}$$

式(3-43)适合用于支架和围岩未破坏的情形。如果围岩破坏，围岩应力就重新分布，$u_r(t)$ 与 $u_\theta(t)$ 进一步增大。如果支架局部破坏，有以下两种情况：(1) 破坏部位在原来支护薄弱部位时，支护抗力丧失，q'_l 增大，进一步加剧了局部弱支护效应；(2) 破坏部位在原来支护薄弱部位的对面或两侧时就产生了新的弱支护部位，这个时候就能分别计算各个部位上的 q'_l，根据叠加原理，在以上各式中增加相应的弱支护影响项。

3.3　本章结论

软岩巷道发生底鼓及顶板失稳现象时应区分这两种情况，即巷道全周边弱支护与局部弱支护。第一种情况，巷道变形基本均匀，各向来压强烈，支护结构逐渐破坏，底鼓与顶帮破坏并发；第二种情况，围岩从弱支护部位鼓出，到一定程度之后诱发牢固支撑部位支架破坏，底鼓及顶板下沉不均匀，发展过程呈缓慢-急剧形式。仍以圆形巷道断面为例，结合软岩巷道受力变形特点，利用数学力学知识，计算推导出了巷道在底板 2β 角范围内发生弱支护情况下所产生的整个巷道围岩应力场和位移场的分布规律。若孔表面 2β 角范围内欠缺支护抗力 Q'，那么孔全周边的支护效果将削弱，围岩稳定性恶化，其特点如下：

（1）在 $-\beta \leqslant \theta \leqslant \beta$ 区域内，围岩位移与全周边均匀支护时相比增大（$60\% \sim 70\%$）$q'r/(2G)$，在该区域内，围岩应力接近不支护的情况，过量移近表现为局部鼓出，是由原岩应力所驱使的，称为主动鼓出。主动鼓出区内围岩松动最严重。

（2）在 $-(\pi-\beta) > \theta > (\pi-\beta)$ 区域内，巷道围岩应力与全周边支护情况接近，σ 减小，围岩松动有所加剧，该区域称为被动鼓出区，这是其位移量中有一部分是由于对应于 2β 角的孔表面的支护抗力不足所导致的。

（3）在 Ox 轴两侧 $\pi-\beta$ 区域内，切向应力明显增大，由于受到切向挤压，而造成围岩位移有所减小。在 Ox 轴下方有较大剪应力出现，该区域围岩最容易出现剪切破坏。

（4）巷道局部弱支护是围岩失稳破坏的根源，破坏后果较严重，在实际工程施工中要及时发现，尽早治理。治理的方法是消除原支护结构的薄弱部分，对弱支护部位加强支护，以提高支护结构的支护抗力。支护结构其他部位可按照原设计进行适当加强，但是不能当成全周边弱支护来进行处理。分析深部软岩巷道局部弱支护效应，对于改善支护结构设计和软岩巷道支护理论以及促进软岩巷道支护技术的发展具有重大意义。

4　三维网壳锚喷支护理论分析

基于岩石蠕变变形破坏规律和软岩巷道局部弱支护理论,通过研究深部软岩巷道围岩变形特点、难支护原因和支护原则,提出了三维网壳锚喷支护结构。该支护结构是锚网喷支护技术的新发展,将地面大跨度空间钢筋网架结构与地下锚喷结构结合起来,使支护系统与围岩的内部加固、外部支撑、柔性让压三种能力得到加强。对支护结构与围岩相互作用机理进行研究,对支护结构进行内力分析,并推导出具体的应力表达式。

4.1　深部软岩巷道围岩变形规律及支护原则

4.1.1　软岩巷道变形形态

当巷道支护体系不能承受地应力影响时,巷道将发生变形乃至破坏,引发片帮、顶板冒落,对井下作业人员构成严重威胁。因此有必要弄清楚巷道变形形态,研究其变形破坏机理,最终提出合理的控制变形的方案。

由于巷道变形破坏的原因各异,其变形形态也不同,下面对常见巷道破坏形式进行描述。

(1)顶板下沉。由于上覆岩层压力、巷道上方破碎岩体自重压力,或其他地应力引起的垂直应力所造成。

(2)底鼓。底板岩石较软,或遇水后岩石单轴抗压强度降低,在垂直压力作用下将产生底鼓,或者由于底板岩石含有膨胀性黏土矿物,其遇水膨胀也可能引起底鼓。

(3)顶底板移近。主要是垂直压力作用所引起的,包括上覆岩层压力,松散岩块压力,构造应力及顶、底板鼓胀变形引起的支护变形。

(4)上帮或下帮变形。当巷道一帮的岩石破碎,另一帮坚硬,在围岩压力作用下可能出现上帮或下帮变形。

(5)顶板下沉,两帮挤进。这种情况往往是在垂直压力作用下,两帮岩石较软(或破碎),而底板岩石较坚硬时发生。

(6)拱顶起尖,两帮挤进。在侧压力作用下,支护拱顶起尖,锚喷巷道则出现拱顶岩石被挤碎成尖,两帮挤进,侧压力主要来自构造应力。

(7)顶底板移近,两帮挤进。当围岩较软时,在垂直压力作用下,或在垂直、水平压力共同作用下,均可能出现该类变形形态。

上述几种是比较典型的支护变形形态,还有一些由于围岩岩性不同、受力不同等,出现其他一些变形形态。

变形量是变数,岩性、受力大小不同,其变形量相差很大,一般以顶底板相对移进量、两帮挤进量和断面收缩率来表示巷道支护的变形程度。

4.1.2 软岩巷道围岩变形量的构成

在未经采动的松软岩体内开掘巷道时,巷道围岩变形量主要由以下三个部分组成:

(1)掘巷引起的围岩变形量。一般发生在巷道掘进初期,其大小与围岩性质密切相关。软岩条件下,由于岩石的黏结力和内摩擦角较小,其他条件相同的情况下,掘巷引起的变形量一般较大,有时高达 600 mm 以上,对巷道的维护造成很大影响。

(2)围岩流变性引起的变形量(即流变量)。围岩流变引起的变形量主要取决于围岩应力和围岩性质。各种围岩的流变性差别很大,坚硬围岩的流变量一般很小,而松软的黏土岩、泥质页岩等岩石,流变量往往很大。并且泥岩类岩石的黏土含量越多、颗粒越细、含水率越高,围岩的流变性就越显著,其长时强度也越低。软弱围岩巷道稳定期间的流变速度一般为 0.3~0.5 mm/d,高者可达 0.8~1.6 mm/d,比正常围岩的流变速度高 1~7 倍。最终使软岩巷道围岩变形量很大,巷道维护十分困难。

(3)各种扰动引起的附加变形量。软岩巷道受到各种扰动后将引起许多附加的变形量,有时这些附加的变形量还是变形量的主要部分。归纳起来,造成扰动附加变形的原因是扰动引起的支护阻力的降低、围岩应力的增大和围岩强度的降低。由于软岩巷道在维护过程中经常遭受支架折损、水的侵蚀与风化等各种扰动因素的影响,而引起围岩变形反复、剧增和多次来压,这种围岩变形的恶性循环导致巷道围岩破坏圈越来越大,围岩变形日益加剧,这是软岩巷道维护中最为困难且经常遇到的难题。

4.1.3 软岩巷道受力

巷道支护结构的变形或破坏主要是支护结构所受反力大于其极限承载能力造成的,这些力主要包括:

(1)上覆岩层压力

上覆岩层压力能够影响任何地下工程。随着地下工程开采深度的不断增加,其上部岩体的压力就会增大,但不是简单的 $p = \gamma H$,大量工程实践已经证明了这一点。上覆岩层的压力与巷道围岩的性质有很大关系,如巷道围岩强度较低、围岩破碎松散、围岩遇水膨胀破坏等,那么上覆岩层压力作用就会明显,造成的围岩变形量就会增大。此外,巷道断面的跨度也对上覆岩层的压力产生影响,跨度越大,上部压力越明显。

(2)构造应力

造成矿井巷道围岩变形破坏严重的主要原因之一是构造应力。构造应力有区域构造应力和局部构造应力等,会对巷道开挖造成很大影响,特别是局部构造应力影响最大,断层、褶曲所积蓄的残余应力能够使松散破碎围岩保持稳定,但是如果巷道围岩应力重新分布,在应力重新分布过程中会受到残余应力的影响,当支护结构不能承受残余应力的影响时,巷道围岩变形破坏。

(3)膨胀应力

有一些泥岩、泥质页岩中含有蒙脱石、伊利石、高岭石,这样的岩石遇水膨胀,其膨胀量大小不等。这些岩性的岩石遇到水出现软泥化,在受到上覆岩层压力作用时会产生膨胀、流变现象,都会造成巷道围岩和支护结构的变形破坏。

（4）松散、破碎岩块压力

当巷道掘进通过岩层破碎地带,破碎、松散岩层内的残余应力不能维持岩体的稳定时,支护结构就会受到破碎松散岩块的自重压力的不利影响。

（5）支撑压力

回采中基本顶来压,在开采面前后方会产生高应力(即支撑压力)集中区域,动压即支撑动态平衡时所承受的压力,此压力会对巷道支护产生极为不利的影响。

（6）冲击地压

地层活动、地震、岩爆等可能产生冲击地压,巷道围岩如果受到此冲击压力的影响,将会出现较大的破坏变形。

除了受到上述几种力的影响外,巷道围岩弹塑性膨胀、碎胀或位移等也会造成支护结构的破坏变形。

一些外力是影响巷道围岩支护稳定的重大因素,但巷道围岩的性质也极其重要。如果巷道围岩松散破碎,含有膨胀性物质,其遇到水会崩解泥化,这样的围岩在上述外力作用下会发生破坏从而造成支护结构的破坏。

巷道围岩不稳定且受到外力影响时,如果选用的支护结构既能够适应不稳定的围岩,又能够承受外力的不利影响,那么巷道仍然保持稳定。因此可以这样认为:巷道围岩的破坏除了因为围岩自身不稳定之外,地应力对巷道围岩的支护影响最大,巷道破坏的重要原因是支护结构的承载力不能满足地应力的要求。

4.1.4 软岩巷道难支护原因

软弱围岩的力学性质对其稳定性有很大影响,根据相似模拟试验、现场实测及数值分析结论,可总结得到深井软岩巷道难支护的原因。

（1）围岩变形的时间效应

围岩变形的时间效应表现为初始变形速度很大,变形趋于稳定后仍以较大速度产生流变,且持续时间很长,有时达数年之久。如果不采取有效支护措施,势必导致巷道失稳破坏。

（2）围岩变形的空间效应

围岩变形的空间效应表现为巷道所在的深度不仅对围岩变形或稳定状态有明显影响,而且影响程度比坚硬岩层大得多。

（3）软岩巷道变形的影响

软岩巷道不仅顶板下沉量大和容易冒落,底板也易强烈膨胀,并常伴随两帮的剧烈位移。尤其是含有黏土的岩层,浸水崩解和泥化引起的底鼓更严重。根据淮南潘三矿的测试结果,巷道顶板下沉量、巷道两帮移近量和底鼓量的比值接近1∶1∶2,因此底鼓治理和防水侵蚀是软岩巷道支护的关键。苏联学者研究表明:随着矿井开采深度的增加,围岩变形量近似线性增大,从刚开始开挖到600 m时起,深度增加了100 m,巷道顶底板相对移近量平均增加10%～11%。一些工程现场的实测发现底鼓是巷道围岩及支护结构失稳破坏的主要原因。

（4）环境变化和应力扰动对巷道围岩变形的影响

当软岩巷道受邻近开掘或修复巷道、水的侵蚀、支架折损失效、爆破震动以及采动影响时,都会引起巷道围岩变形的急剧增长。此外,软岩巷道的自稳时间短,这主要取决于围岩暴露面的形状和面积、岩体的残余强度和原岩应力。由于上述影响因素的差异,松软围岩的自稳时间通常为几十分钟到十几小时,有的顶板一经暴露就立即垮落,因此在决定巷道掘进方法和支护措施时必须考虑巷道围岩的自稳时间。

4.1.5 软岩巷道支护原则

软岩巷道围岩压力具有来压迅猛、围岩变形量大、巷道四周同时来压、持续流变以及对各类扰动极为敏感等特点,因此,必须针对这些特点采取正确的支护原则和措施。

(1)巷道维护方法的确定

松软岩层存在 3 种不同的围岩压力类型,即松动压力、变形压力和膨胀压力。对于松动压力可以采用刚性支护来支撑围岩,防止破碎岩块垮落,同时采取各种措施加固围岩以提高岩体的自身强度。变形压力是软岩巷道的主要压力显现形式,必须根据流变特征合理地设计支护刚度及控制支护时间和支护施工顺序,既允许围岩有适当的变形,以利于能量释放,又能将变形控制在一定的范围以内,使之不发展为松动压力。膨胀压力也可以看作变形压力的一种,除采用与控制变形压力相同的措施外,还要特别注意预防围岩的物理化学效应,防止围岩脱水风干,因为某些软岩经脱水风干后再遇水,将出现更严重的膨胀和崩解。

(2)提高围岩自稳能力的技术特征

巷道上覆岩体重力引起的应力主要是由巷道围岩承受,支架只承受很小的一部分,因此应重视改善围岩的力学性质,提高围岩的自稳能力。改善围岩力学性质的主要措施是提高岩体的力学指标,包括提高岩体抗拉强度、抗压强度、弹性模量、黏聚力和内摩擦角等。为了达到这些目的,可采用及时封闭围岩暴露面、安装锚杆、向岩体内注浆以及向支架壁后充填等方法。锚杆对于提高岩体强度,特别是提高岩体屈服后的抗剪强度(残余强度)具有明显作用,能把各种断裂面所切割成的岩块联合成整体,又可以给围岩表面施加正应力,在围岩内部形成"预应力承载层",这是与其他支护形式的本质区别。

(3)二次支护时间的优化

在松软岩层中采用一次成巷立即封闭围岩和构筑永久支护的施工工艺,往往获得不了预期的效果,除非采用可缩量足够大的支护,但是不宜巷道掘成之后就架设永久支架,应采用先"柔"后"刚"的二次支护。合适的支护时间,主要是针对永久支护或二次支护而言的,支护滞后时间必须在岩体能保持自稳的条件下选择。一次支护应紧跟掘进尽早安设,若对围岩不采取及时封闭补强和加固措施,任其松动变形,则可能导致围岩破坏和冒落;二次支护支架通常应在掘巷引起的围岩变形基本趋于稳定时安设,并在设计巷道断面时考虑足够的变形余量。

(4)巷道底板的治理

松软岩层具有围岩强度低、遇水失稳甚至崩解及泥化等各种特性,而巷道底板更容易受到水的侵蚀和影响。底鼓量通常超过顶底板相对移近量的 2/3。底鼓往往造成支架底脚内移、弯矩剧增而使支架损坏。国内外的施工实践证明:带底拱的全断面支护以及对底板实施锚固、注浆加固等是克服松软岩体中巷道底鼓的有效措施。除上述措施以外,软岩支护还应考虑选择合适的支护特性曲线、较高的初撑力、初期增阻速度和工作阻力及减少对围岩的震动和超挖等。

（5）彻底消除局部弱支护及其产生根源

针对软岩巷道底鼓及顶板失稳等现象应区分两种情况，即巷道全周边弱支护与局部弱支护。前一种情况，巷道变形基本均匀，各向来压强烈，支架逐渐被破坏，底鼓与顶帮破坏并发；后一种情况，围岩从弱支护部位鼓出，一定程度后会诱发牢固支撑部位支架破坏，底鼓及顶板下沉不均匀，发展过程呈缓慢-急剧形式。实际工程中，支架的局部弱支护机理与围岩非均质、地应力非均匀等混合在一起，需要综合考虑地质因素与支架结构特征两个方面，这样才能正确分析支架局部弱支护机理。局部弱支护是高应力巷道失稳的危险根源，破坏后果严重，工程施工过程中应及时发现征兆并尽早治理。治理的原则是清除原来支护结构的薄弱部位，着重加强弱支护部位，提高支护抗力。其他部位可根据原来设计使支撑抗力适当加强，但不应当作全周边弱支护来处理。软岩巷道局部弱支护机理分析是一项全新的理论研究课题，该理论对改进巷道支护结构、完善巷道支护理论、促进巷道支护技术的发展具有重要意义。

4.2　支护结构与围岩的相互作用

4.2.1　支护结构特性

三维网壳锚喷支护结构由锚杆、三维网壳支架和混凝土喷层三个部分组成，如图 4-1 所示。锚杆的作用是在巷道周围形成一个强度较低、厚度不大的围岩加固圈，有些部位容易首先破坏失稳，所以安放少许集束锚杆将此围岩加固圈锚固到深层岩层中，使其具有一定的承载能力。三维网壳支架由顶板支架和侧帮支架用可缩性垫板（如木垫板等）连接而成，支架组装图如图 4-2 所示。每片钢筋支架两端为连接板，上面带有螺栓孔与其他钢筋支架相连接，侧面是由钢筋组成的网格状边框，与连接板一起支撑支架内部的两层钢筋。外层是由次弧筋和连接筋组成的弧面钢筋网。内层是由桥形架、连接筋和主弧筋组成的拱形网（可以设计成多跨的形式），这样可以对外层钢筋网提供强有力的支撑。这种支护结构具有很好的柔性，钢材用量较少，但是其承载能力比格构钢筋拱架加金属网的高。该结构的喷层有柔性层和加固层，首先喷射柔性层来封闭围岩表面。上述锚杆、三维网壳支架与柔性喷层组成了巷道初期支护体系，该体系的支护能力相当于锚网喷加轻型金属支架，并可以避免结构过早破坏，等围岩变形释放到一定程度，再复喷混凝土，与三维网壳支架共同作用形成三维网壳衬砌结构作为永久支护系统。

三维网壳锚喷支护的特点是将一般的钢筋网、金属棚子、架间连接杆等连接成整体，通过吸取地面上大跨度网壳结构的优点，制作成一种特殊结构形式的三维网壳支架。这种三维网壳支架与混凝土喷层共同形成衬砌结构，该支护结构属于半刚性支护类型，不但具有刚性支护的优点，能够承受强大松动地压的影响，而且具有柔性支护的优点，能够允许巷道围岩产生一定的变形，能及时限制巷道围岩变形过大而松动。

三维网壳锚喷支护结构是刚性支护与柔性支护共同存在的半刚性支护体系，结构的初期支护是柔性支护，最终支护是刚性支护。

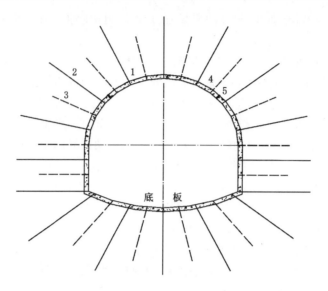

1—拉筋;2—长锚杆;3—短锚杆;4—三维网壳支架;5—连接钢板。

图 4-1　三维网壳锚喷支护结构图

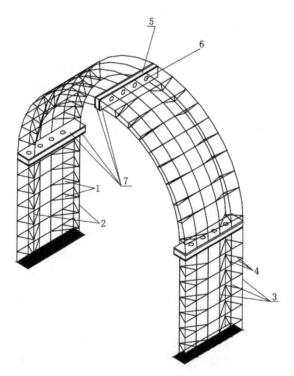

1—桥形架;2—主弧筋;3—次弧筋;4—连接筋;5—连接板;6—螺栓;7—可缩性垫板。

图 4-2　钢筋支架结构图

4.2.2 支护机理

三维网壳支架的特点是将拱形骨架钢筋及一些连接筋和圆弧钢筋组成一个整体,形成空间网状结构,具有重力小、强度高的特点,其支护性能比普通锚网喷结构优越,甚至超过锚网喷＋U型钢支架支护。

其支护机理有以下几个特点:

(1)三维网壳支架在空间内形成众多小网格状结构,包裹着混凝土,能降低混凝土拉剪应力和钢筋的弯曲变形,提高结构的承载力和三向稳定性。

(2)支架连接处的可缩性垫板和支架自身的柔性让压性能,使混凝土喷层也具有可缩性,从而使混凝土喷层的应力减小,因此适用于高地压环境。

(3)该支护结构是连续支撑体系,架间无薄弱部位,支护结构受力均匀,从而提高了结构的整体稳定性。

4.2.3 支护结构与岩体相互作用机理

在工程实际中,软弱围岩是指在力作用下能产生明显塑性变形的岩体。软岩巷道与硬岩巷道的巷道支护原理明显不同,这是硬岩和软岩本构关系的不同所决定的。硬岩进入塑性状态就会丧失其承载能力,因此不允许硬岩巷道围岩进入塑性状态。而软岩巷道的独特之处是其巨大的塑性能要以某种方式释放出来。软岩由于具有强度相对小等特殊的力学性质,无法抗衡工程扰动力而难以自稳。根据工程经验,软岩支护工程中基本上排除了刚性支护。要满足巷道工程要求,就必须对软岩进行改造,改善其力学性能。工程中通常采用锚喷技术来改造软岩,充分发挥其潜能,使工程造价合理。

软岩巷道支护结构必须与围岩的工程地质特征,岩体的物理力学性质和围岩的变形、位移、压力等相适应。三维网壳锚喷支护结构是三维网壳支架和锚喷支护组成的联合支护结构,其具有良好的柔性,能适应围岩初期剧烈变形,允许围岩释放强大的弹性潜能并部分转移到深部围岩,从而降低围岩的应力和压力。同时它又具有一定的支护抗力,能防止围岩产生过量的有害位移乃至松动失稳。

锚杆对围岩起加固作用,主要表现为[136]:

(1)悬吊作用。锚杆将不稳定的岩层悬吊在坚固岩层上,以阻止围岩移动滑落。

(2)减跨作用。在巷道顶板岩层中打入锚杆,相当于在巷道顶板上增加了支点,使巷道跨度减小,从而降低顶板岩石的应力,起到了维护巷道的作用。

(3)梁作用。在层状岩体中打入锚杆把若干薄层岩体锚固在一起,使层间结合紧密,形成组合梁,从而提高顶板岩层的支承能力。

(4)挤压加固作用。预应力锚杆群锚入围岩后,其两端附近岩体形成圆锥形压缩区。环向布置的锚杆群所形成的压缩区域相互组合,形成了组合拱。由于锚杆的约束力使围岩锚固区径向受压,而提高了围岩的强度,能充分发挥围岩的自身承载能力。锚杆对于软岩的锚固作用主要是使围岩形成组合拱,如图 4-3 所示。

混凝土喷层主要力学作用包括:

(1)支撑围岩。由于喷层能与围岩密贴和黏结,并给围岩表面以抗力和剪力,从而使围

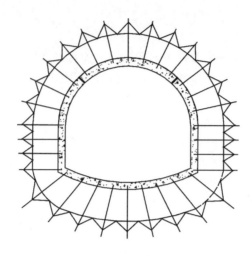

图 4-3　组合拱示意图

岩处于三向受力的有利状态,防止围岩强度降低。

(2)"卸载"作用。由于喷层的柔性性能能有控制地使围岩在不出现有害变形的前提下产生一定程度的塑性,从而使巷道壁处的压力减小,同时喷层的柔性也能使喷层中的弯曲应力减小,有利于充分发挥围岩和混凝土的承载能力。

(3)填平补强围岩。喷射混凝土可射入围岩张开的裂隙,填充表面凹穴,使被裂隙分割的岩块层面黏结在一起,保持岩块之间的咬合、镶嵌作用,提高二者之间的黏结力和摩阻力,有利于防止围岩松动,并避免围岩应力集中。

(4)覆盖围岩表面。喷层直接黏结岩面,形成防风化和止水的防护层,并阻止节理裂隙中充填物流失。

(5)分配外力。通过喷层把外力传给锚杆、网架等,使支护结构受力均匀。

通过以上分析可知:锚喷支护的实质是用锚杆加固深部围岩,用喷层封闭巷道表面,防止围岩弱化,抵抗围岩压力。经过锚喷支护处理后,锚杆、喷层和围岩共同组成承载圈,支承围岩压力,该部分支护结构称为外拱。施工外拱过程中可通过监测了解围岩变形情况,待围岩位移趋于稳定,支护抗力与围岩压力相适应时,进行外拱封底,同时进行复喷或衬砌形成内拱,提高喷层抗力,使变形收敛,提高安全系数。内拱要提供足够的支承力,确保围岩的位移不会过大,因为过量的位移会使承载圈组合拱内的围岩的整体性和整体强度降低,从而导致组合拱的力学性能下降,反过来则增大了施加在内拱上的荷载,最终会导致巷道失稳破坏。对于埋深很大的软岩和力学性能极差的岩层,单独的锚喷支护不能提供足够的刚度使巷道变形收敛并趋于稳定。目前工程中通常是在喷层内侧挂钢筋网复喷混凝土,形成内拱以提供支承力。

实践表明:在高应力软岩巷道中这种内拱的支承力有限,有的巷道双层钢筋网喷层仍会破坏。根据工程经验和试验研究结果,在外拱内侧采用钢筋网壳作为初步支承,再复喷混凝土形成钢筋网壳混凝土内拱,其能提供足够的支承力和增加稳定性。钢筋网壳混凝土支护结构具有壳体结构优越的力学性能,把普通的锚网喷支护结构中片状或层状的金属网改为一种专用的空间钢筋网壳结构,并将其置于喷层中形成钢筋网壳混凝土结构。该结构充分发挥了钢筋和混凝土这两种材料的性能,其用料节省,施工方便,其结构力学特点能使混凝土喷层受力更均匀,其承载能力得到大幅度提高。

4.3　计算理论模型

4.3.1　壳体结构概述

由两个曲面所限定的物体,如果曲面之间的距离比物体的其他尺寸小,就称为壳体,这两个曲面就称为壳面。距两个壳面等距离的点所形成的曲面称为中间曲面,简称中面。中面的法线被两个壳面截断的长度称为壳体的厚度。壳体可能是等厚的或者是变厚度的。如果壳面是闭合曲面,壳体除了两个壳面以外不再有其他的边界,这个壳体就称为闭合壳体。由闭合壳体用切割面分割出来的一部分称为开敞壳体,例如用于房屋顶盖或桥梁构件的壳体。为了方便对开敞壳体进行分析和计算,假定上述切割面是由一根直线保持与中面垂直、移动而形成的。这就是说,以后所讨论的开敞壳体,其边缘(壳边)总是由垂直于中面的直线所构成的直纹曲面[139]。

在壳体理论中,采用以下计算假定:

(1)垂直于中面方向的正应变可以不计。

(2)中面的法线保持为直线,而且中面法线及其垂直线段之间的直角保持不变,也就是这两个方向的剪应变为0。

(3)与中面平行的截面上的正应力(即挤压应力)远小于与其垂直面上的正应力,因而它对变形的影响可以不计。

(4)体力和面力均可简化为作用于中面的荷载。

如果壳体的厚度 t 远小于壳体中面的最小曲率半径 R,即 t/R 是很小的数值,这个壳体就称为薄壳,反之称为厚壳。对于薄壳,可以在壳体的基本方程和边界条件中略去某些很小的量(随着比值 t/R 的减小而减小的量),使得这些基本方程可能在边界条件下求解,从而得到一些近似的但是在工程应用中已经足够精确的解答。通过大量的比较试算,当比值 t/R 不超过0.05时,这些解答不至于具有工程上不容许的误差。一般工程中经常遇到的壳体可按薄壳理论计算。目前关于厚壳的计算方法,虽然有不少人在研究,但还不便应用于解决一般工程实际问题,厚壳问题只能当作一般空间问题来处理。本书采用薄壳理论进行分析。

4.3.2　问题分析与理论模型

三维网壳锚喷支护巷道断面常有两种形式:直墙半圆拱断面和曲墙圆弧拱断面。曲墙圆弧拱断面形状的两帮稳定性很好,可以显著提高三维网壳支架的整体承载力,其适用于侧压与顶压都很大、底板较稳定的巷道。曲墙圆弧拱断面巷道可看作由3块开口柱壳构成。如果出现严重底鼓现象,可在底部再加一个反底拱,以消除底鼓,保证巷道的稳定与安全。为了方便讨论问题,又不失一般性,根据前面的分析可知这种壳体支护结构的基本构件是一个开口圆柱形壳,本书以开口圆柱形壳为对象进行研究。

由巷道支护工程实践可知:巷道支护的步长一般为 $600\sim800$ mm,半径一般为 $2\,500\sim3\,000$ mm。在进行锚喷支护过程中,喷层的厚度约为 150 mm。由上述壳体的基本理论可知:巷道支护的壳体结构是一个开口短圆柱形壳,可以近似满足薄壳的要求。在计算薄壳壳体内力时,除了考虑薄膜内力之外,还应考虑弯曲内力的影响。在实际巷道支护工程中,为了使支护结构具有足够的可缩性,在顶部三维网壳支架与两侧三维网壳支架的连接处加入一个可缩性垫块。沿着巷道的长度方向,通常把三维网壳支架的边筋当成加强肋,所以壳体的边界条件就可以看作四边铰支。

4.4　内力计算

4.4.1　巷道围岩应力分析

考虑轴对称条件下巷道围岩应力的弹塑性分析,在轴对称条件下,应力和应变都仅是 r 的函数,与 θ 无关,而且塑性区域是一等厚圆,在塑性区中假定 C、φ 值为常数。分析计算的基本原理是使塑性区满足塑性平衡方程与塑性条件,使弹性区满足弹性平衡方程和弹性条件,而在塑性区与弹性区交界处要同时满足弹性条件和塑性条件。计算简图如图 4-4 所示。

对于轴对称问题,当不考虑体力时,平衡方程为:

$$\frac{\partial \sigma_r}{\partial r} + \frac{\sigma_r - \sigma_\theta}{r} = 0 \tag{4-1}$$

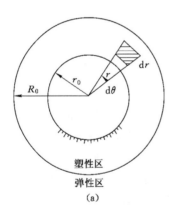
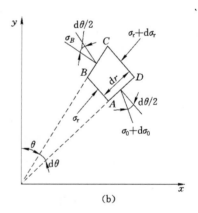

图 4-4　塑性区计算简图

在塑性区应力除满足平衡方程以外,尚需满足塑性条件。塑性条件平衡方程见式(4-2)。

$$\frac{\sigma_r^p + C\cot\varphi}{\sigma_\theta^p + C\cot\varphi} = \frac{1 - \sin\varphi}{1 + \sin\varphi} \tag{4-2}$$

角标 p 是表示塑性区分量(以下相同)。联立式(4-1)和式(4-2),得:

$$\ln(\sigma_r^p + C\cot\varphi) = \frac{2\sin\varphi}{1 - \sin\varphi}\ln r + C_1 \tag{4-3}$$

式中 C_1——积分常数,由边界条件确定。

进行支护时,围岩界面($r=r_0$)与支护上的应力边界条件为 $\sigma_r^p=P_i$,P_i 是支护抗力,计算可得积分常数:

$$C_1 = \ln(P_i + C\cot\varphi) - \frac{2\sin\varphi}{1-\sin\varphi}\ln r_0 \tag{4-4}$$

将 C_1 代入式(4-3)和式(4-2)就得到塑性区应力,即

$$\begin{cases} \sigma_r^p = (P_i + C\cot\varphi)\left(\dfrac{r}{r_0}\right)^{\frac{2\sin\varphi}{1-\sin\varphi}} - C\cot\varphi \\[2mm] \sigma_\theta^p = (P_i + C\cot\varphi)\left(\dfrac{1+\sin\varphi}{1-\sin\varphi}\right)\left(\dfrac{r}{r_0}\right)^{\frac{2\sin\varphi}{1-\sin\varphi}} - C\cot\varphi \end{cases} \tag{4-5}$$

由式(4-5)可知:塑性区应力会随着 C、φ、P_i 的增大而增大,与原岩应力 P 无关。为了能够得到塑性区半径,要用到弹性区和塑性区交界面上的应力协调条件。如果塑性区半径为 R_0,$r=R_0$ 时有(图 4-5):

$$\begin{cases} \sigma_r^e = \sigma_r^p = \sigma_{R_0} \\[2mm] \sigma_\theta^e = \sigma_\theta^p \end{cases} \tag{4-6}$$

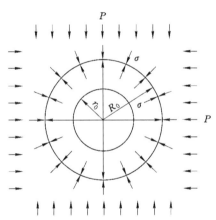

图 4-5　塑性区半径计算简图

式(4-6)中角标 e 表示弹性区的分量。

对于弹性区($r \geqslant R_0$),围岩的应力及变形为:

$$\begin{cases} \sigma_r^e = P\left(1 - \dfrac{R_0^2}{r^2}\right) + \sigma_{R_0}\dfrac{R_0^2}{r^2} = P\left(1 - \gamma'\dfrac{R_0^2}{r^2}\right) \\[2mm] \sigma_\theta^e = P\left(1 + \dfrac{R_0^2}{r^2}\right) - \sigma_{R_0}\dfrac{R_0^2}{r^2} = P\left(1 + \gamma'\dfrac{R_0^2}{r^2}\right) \end{cases} \tag{4-7}$$

$$\begin{cases} u' = \dfrac{(P - \sigma_{R_0})R_0^2}{2Gr} = \gamma'\dfrac{PR_0^2}{2Gr} \\[2mm] \gamma' = 1 - \dfrac{\sigma_{R_0}}{P} \end{cases} \tag{4-8}$$

式中　σ_{R_0}——弹性区与塑性区交界面上的径向应力。

将式(4-7)中两个式子相加可得：

$$\sigma_r^e + \sigma_\theta^e = 2P \qquad (4-9)$$

因而在弹塑性界面($r = R_0$)上也有：

$$\sigma_r^p + \sigma_\theta^p = 2P \qquad (4-10)$$

将式(4-10)代入塑性条件公式[式(4-2)]，整理后得到 $r = R_0$ 处的应力：

$$\begin{cases} \sigma_r = P(1 - \sin\varphi) - C\cos\varphi = \sigma_{R_0} \\ \sigma_\theta = P(1 + \sin\varphi) + C\cos\varphi = 2P - \sigma_{R_0} \end{cases} \qquad (4-11)$$

式(4-11)表明弹塑性界面上应力是一个由 P、C、φ 决定的函数，与 P_i 无关。把 $r = R_0$ 代入式(4-5)，并且考虑式(4-11)，获得 P_i 与塑性区半径 R_0 的关系式：

$$P_i = (P + C\cot\varphi)(1 - \sin\varphi)\left(\frac{r_0}{R_0}\right)^{\frac{2\sin\varphi}{1 - \sin\varphi}} - C\cot\varphi \qquad (4-12)$$

或

$$R_0 = r_0\left[\frac{(P + C\cot\varphi)(1 - \sin\varphi)}{P_i + C\cot\varphi}\right]^{\frac{1 - \sin\varphi}{2\sin\varphi}} \qquad (4-13)$$

式(4-12)和式(4-13)为修正之后的芬纳公式。

由式(4-13)可知：P_i 越小，R_0 越大；反过来，R_0 越大，那么维持极限平衡状态的支护抗力 P_i 就越小。图 4-6 为 P_i-R_0 关系曲线。因而可知：巷道围岩如果保持稳定，增大塑性区半径 R_0 就能降低维持平衡所需的 P_i，这种状况下围岩充分发挥了自承作用。但是围岩的自承作用有限，在 P_i 降低到某种程度时，塑性区会再一次扩大，巷道围岩就会出现松动破坏的现象，围岩刚要出现松动破坏时的压力称为最小围岩压力 $P_{i\min}$，过了最小围岩压力后变形就会大幅度增加，图 4-6 所示 P_i-R_0 关系曲线就不再适用。

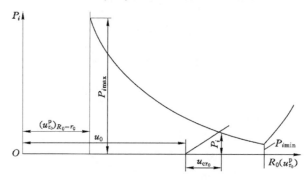

图 4-6　P_i-R_0 关系曲线

芬纳在推演过程中曾一度假设 $C = 0$，因此所得结果与上述修正公式稍有差异：

$$P_i = [C\cot\varphi + P(1 - \sin\varphi)]\left(\frac{r_0}{R_0}\right)^{\frac{2\sin\varphi}{1 - \sin\varphi}} - C\cot\varphi \qquad (4-14)$$

或

$$R_0 = r_0 \left[\frac{C \cot \varphi + P(1 - \sin \varphi)}{P_i + C \cot \varphi} \right]^{\frac{1 - \sin \varphi}{2 \sin \varphi}} \tag{4-15}$$

通过与芬纳公式比较,可知在相同的 R_0 情况下,通过芬纳公式计算得到的 P_i 比通过修正后的芬纳公式计算得到的值大,增大的值为 $C \cos \varphi \left(\dfrac{r_0}{R_0} \right)^{\frac{2 \sin \varphi}{1 - \sin \varphi}}$,$C$ 值越大,增大越多,但 φ 的情况则相反。

若令:

$$\begin{cases} R_c = \dfrac{2C}{\tan\left(45° - \dfrac{\varphi}{2}\right)} \\[4mm] \varepsilon = \dfrac{1 - \sin \varphi}{1 + \sin \varphi} \end{cases} \tag{4-16}$$

式中　R_c——围岩的单轴抗压强度(图 4-7)。

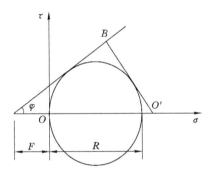

图 4-7　围岩单轴抗压强度

那么围岩塑性区应力、支护抗力和塑性区半径的计算公式转变为:

$$\begin{cases} \sigma_r^{\mathrm{p}} = \left(P_i + \dfrac{R_c}{\varepsilon - 1} \right) \left(\dfrac{r}{r_0} \right)^{z-1} - \dfrac{R_c}{\varepsilon - 1} \\[4mm] \sigma_\theta^{\mathrm{p}} = \left(P_i + \dfrac{R_c}{\varepsilon - 1} \right) \varepsilon \left(\dfrac{r}{r_0} \right)^{z-1} - \dfrac{R_c}{\varepsilon - 1} \end{cases} \tag{4-17}$$

$$P_i = \frac{2}{\varepsilon^2 - 1} \left[R_c + P(\varepsilon - 1) \right]^{\varepsilon - 1} \frac{R_c}{\varepsilon - 1} \tag{4-18}$$

$$R_0 = r_0 \left[\frac{2}{\varepsilon + 1} \frac{R_c + P(\varepsilon - 1)}{R_c + P_i(\varepsilon - 1)} \right]^{\frac{1}{\varepsilon - 1}} \tag{4-19}$$

通过以上对围岩松动区的定义,假定原岩应力为围岩松动区边界上的切向应力,即 $\sigma_\theta = P$,由式(4-5)可以求得:

$$\sigma_\theta = (P_i + C \cot \varphi) \left(\frac{1 + \sin \varphi}{1 - \sin \varphi} \right) \left(\frac{R}{r_0} \right)^{\frac{2 \sin \varphi}{1 - \sin \varphi}} - C \cot \varphi = P \tag{4-20}$$

即得到围岩松动区半径:

$$R = r_0 \left[\frac{(P + C\cot\varphi)(1 - \sin\varphi)}{(P_i + C\cot\varphi)(1 + \sin\varphi)} \right] \frac{1 - \sin\varphi}{2\sin\varphi} = R_0 \left(\frac{1}{1 + \sin\varphi} \right)^{\frac{1 - \sin\varphi}{2\sin\varphi}} \qquad (4\text{-}21)$$

由此可见围岩松动区半径和塑性区半径存在一定的关系[137]。

4.4.2 支护荷载确定

对于锚喷巷道,当今广泛采用剪切理论进行荷载预设计。剪切滑移楔形体理论是新奥法的创始人拉布西维茨(Rabcewicz)在试验研究的基础上提出来的。该理论认为围岩稳定性的丧失主要是因为围岩在地应力作用下形成剪切滑移楔形体,这种看法在软岩中得到了验证。为了简化计算,用圆形断面静水压力场条件下剪切滑移理论计算出的等代圆形断面支护体的支护抗力作为封闭支护体的支护抗力。工程中一般先由 $P_{\min}$ 确定围岩巷道总的支护抗力大小,再选定主要支护方式与材料,然后根据各层的抗力计算公式来确定支护材料。

剪切滑移理论计算模型如图 4-8 所示。

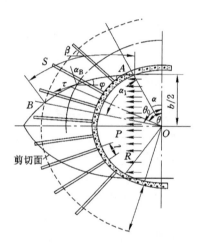

图 4-8　剪切滑移理论计算模型

由之前的分析可知:围岩变形压力按修正以后的芬纳公式[式(4-12)]计算,并且由式(4-21)可知满足松动压力要求的支护抗力 $P_{\min}$ 与满足弹塑性平衡要求的支护抗力相等,即可得出围岩作用于支护体上的最小压力:

$$P_{\min} = \frac{(P_0 + C \cdot \cot\varphi)(1 - \sin\varphi)^{\frac{2\sin\varphi}{1 - \sin\varphi}}}{(1 + \sin\varphi)^{\frac{1}{2}}} - C \cdot \cot\varphi \qquad (4\text{-}22)$$

式(4-21)不仅要满足松动压力要求,还要满足围岩弹塑性平衡的支护力的计算式。其中混凝土喷层的抗力 P_c 为:

$$P_c = \frac{2 d_s \tau_b^s}{b \sin\alpha} \qquad (4\text{-}23)$$

式中　α——围岩的剪切角,$\alpha = 45° - \dfrac{\varphi}{2}$,其中,$\varphi$ 为岩体的内摩擦角;

b——剪切区高度;

τ_b^s——混凝土的抗剪强度,取 $0.2\sigma_c$,其中,σ_c 为混凝土的单轴抗压强度;

d_s——混凝土层的厚度;

锚杆支护抗力 P_g 适用于计算起组合拱作用的锚杆。

$$P_g = \frac{2aF_g\sigma_1\cos\bar{\omega}}{etb} \tag{4-24}$$

式中 $a = \frac{H+L}{4}\frac{\pi}{180}(90-\alpha)$,其中,$H$ 为巷道在没有支护时的高度,L 为巷道在没有支护时的跨度;

F_g——锚杆截面面积;

σ_1——锚杆的抗拉强度;

e——锚杆间距;

$\bar{\omega}$——锚杆的平均倾角,$\bar{\omega} = \frac{1}{2}(90-\alpha)$。

组合拱抗力即围岩承载圈抗力,其计算公式为:

$$P_r = \frac{2s(\tau_r\cos\omega - \sigma_n\sin\omega)}{b} \tag{4-25}$$

式中 s——滑移面的计算长度;

τ_r——滑移面上的剪应力;

σ_n——滑移面上的正应力。

软岩巷道围岩支护原理的力学表达式为:

$$P_t = P_c + P_g + P_r + P_s \tag{4-26}$$

式中 P_t——开挖后的要支护围岩向临空区的变形压力;

P_s——围岩内拱所承受的荷载(通过计算获得)。

在实际工程中进行支护预设计时围岩的变形压力 P_t 通常取修正芬纳公式中的 $P_{\min}$ 值。为了保证软岩巷道支护设计的可靠性,在进行巷道支护设计时支护结构的支护抗力一定要有相应的安全储备。这里引入安全系数 k,它表示支护结构抗力与作用在支护结构上的力的比值,根据工程实践,其值一般取 1.3~2.0。如果所支护巷道围岩条件差,地质条件复杂,那么 k 值相应增大,以确保支护设计的可靠性。

4.4.3 内力计算

圆柱壳体的中曲面如图 4-9 所示。开口圆柱壳的长度为 x,厚度为 h,半径为 a,张角为 φ_0,引入无量纲量:

$$\begin{cases} \xi = \dfrac{x}{a} \\ \beta = \dfrac{h^2}{12a^2} \end{cases} \tag{4-27}$$

通常情况下用 u、v、w 3 个位移分量表示圆柱壳的 3 个基本位移方程式[138]:

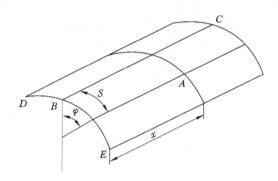

图 4-9　柱壳中曲面几何图

$$
\begin{cases}
\dfrac{\partial^2 u}{\partial \xi^2} + \dfrac{1-\mu}{2}\dfrac{\partial^2 u}{\partial \varphi^2} + \dfrac{1+\mu}{2}\dfrac{\partial^2 v}{\partial \xi \partial \varphi} - \mu\dfrac{\partial w}{\partial \xi} = -\dfrac{(1-\mu^2)\,a^2 p_1}{Eh} \\[2mm]
\dfrac{1+\mu}{2}\dfrac{\partial^2 u}{\partial \xi \partial \varphi} + \dfrac{1-\mu}{2}\dfrac{\partial^2 v}{\partial \xi^2} + \dfrac{\partial^2 v}{\partial \varphi^2} - \dfrac{\partial w}{\partial \varphi} + \beta\left(\dfrac{\partial^3 w}{\partial \xi^2 \partial \varphi} + \dfrac{\partial^3 w}{\partial \varphi^3}\right) + \beta\left[(1-\mu)\dfrac{\partial^2 v}{\partial \xi^2} + \dfrac{\partial^2 v}{\partial \varphi^2}\right] = \\[2mm]
\qquad -\dfrac{(1-\mu^2)\,a^2 p_2}{Eh} \\[2mm]
\mu\dfrac{\partial \mu}{\partial \xi} + \dfrac{\partial v}{\partial \varphi} - w - \beta\left(\dfrac{\partial^4 w}{\partial \xi^4} + 2\dfrac{\partial^4 w}{\partial \xi^2 \partial \varphi^2} + \dfrac{\partial^4 w}{\partial \varphi^4}\right) - \beta\left[(2-\mu)\dfrac{\partial^3 v}{\partial \xi^2 \partial \varphi} + \dfrac{\partial^3 v}{\partial \varphi^3}\right] = \\[2mm]
\qquad -\dfrac{(1-\mu^2)\,a^2 p_3}{Eh}
\end{cases}
$$

$$(4\text{-}28)$$

　　薄壳中 β 值非常小,因而通常情况下凡是公式中有 β 这个乘子的项,除最后一项的 w 的四阶导数(即 $\nabla^2\nabla^2 w$ 项)外,其他都可以略去,这样计算出来的结果通常情况下都比较合理,个别情况例外。因此式(4-28)可简化为:

$$
\begin{cases}
\dfrac{\partial^2 u}{\partial \xi^2} + \dfrac{1-\mu}{2}\dfrac{\partial^2 u}{\partial \varphi^2} + \dfrac{1+\mu}{2}\dfrac{\partial^2 v}{\partial \xi \partial \varphi} - \mu\dfrac{\partial w}{\partial \xi} = -\dfrac{(1-\mu^2)\,a^2 p_1}{Eh} \\[2mm]
\dfrac{1+\mu}{2}\dfrac{\partial^2 u}{\partial \xi \partial \varphi} + \dfrac{1-\mu}{2}\dfrac{\partial^2 v}{\partial \xi^2} + \dfrac{\partial^2 v}{\partial \varphi^2} - \dfrac{\partial w}{\partial \varphi} = -\dfrac{(1-\mu^2)\,a^2 p_2}{Eh} \\[2mm]
\mu\dfrac{\partial u}{\partial \xi} + \dfrac{\partial v}{\partial \varphi} - w - \beta\left(\dfrac{\partial^4 w}{\partial \xi^4} + 2\dfrac{\partial^4 w}{\partial \xi^2 \partial \varphi^2} + \dfrac{\partial^4 w}{\partial \varphi^4}\right) = -\dfrac{(1-\mu^2)\,a^2 p_3}{Eh}
\end{cases}
$$

$$(4\text{-}29)$$

壳体的内力分布如图 4-10 所示,与之对应的内力表达式可简化为:

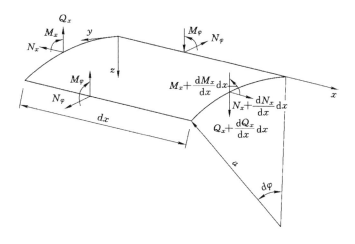

图 4-10 内力分量图

$$\begin{cases} N_x = \dfrac{Eh}{1-\mu^2}\left[\dfrac{\partial u}{\partial x} + \mu\,\dfrac{1}{a}\left(\dfrac{\partial v}{\partial \varphi} - w\right)\right] \\[2mm] N_\varphi = \dfrac{Eh}{1-\mu^2}\left[\dfrac{1}{a}\left(\dfrac{\partial v}{\partial \varphi} - w\right) + \mu\,\dfrac{\partial u}{\partial x}\right] \\[2mm] N_{x\varphi} = \dfrac{Eh}{2(1+\mu)}\left(\dfrac{\partial v}{\partial x} + \dfrac{1}{a}\,\dfrac{\partial u}{\partial \varphi}\right) \\[2mm] M_x = -D\left(\dfrac{\partial^2 w}{\partial x^2} + \mu\,\dfrac{1}{a^2}\,\dfrac{\partial^2 w}{\partial \varphi^2}\right) \\[2mm] M_\varphi = -D\left(\dfrac{1}{a^2}\,\dfrac{\partial^2 w}{\partial \varphi^2} + \mu\,\dfrac{\partial^2 w}{\partial x^2}\right) \end{cases} \tag{4-30}$$

式(4-30)在理论上较为正确,但计算起来相当麻烦。D 称为抗弯刚度,$D = \dfrac{Eh^3}{12(1-\mu^2)}$。那么就要想方法将上面的方程式简化为一个 8 阶的偏微分方程。实际工程中最常碰到的是承受法向荷载的情况,其全解能够直接通过式(4-31)求出。

$$\nabla^2 \nabla^2 \nabla^2 \nabla^2 F + \frac{1-\mu^2}{\beta}\,\frac{\partial^4 F}{\partial \xi^4} = \frac{a^4 p_3}{D} \tag{4-31}$$

其位移和内力的表达式为:

$$\begin{cases} u = -\dfrac{\partial^3 \phi}{\partial \xi \partial \varphi^2} + \mu\,\dfrac{\partial^3 \phi}{\partial \xi^3} + u_0 \\[2mm] v = (2+\mu)\,\dfrac{\partial^3 \phi}{\partial \xi^2 \partial \varphi} + \dfrac{\partial^3 \phi}{\partial \varphi^3} + v_0 \\[2mm] w = \dfrac{\partial^4 \phi}{\partial \xi^4} + 2\,\dfrac{\partial^4 \phi}{\partial \xi^2 \partial \varphi^2} + \dfrac{\partial^4 \phi}{\partial \varphi^4} + w_0 = \nabla^2 \nabla^2 \phi + w_0 \end{cases} \tag{4-32}$$

$$\begin{cases} N_x = -\dfrac{Eh}{a}\dfrac{\partial^4 \phi}{\partial \xi^2 \partial \varphi^2} \\[2mm] N_\varphi = -\dfrac{Eh}{a}\dfrac{\partial^4 \phi}{\partial \xi^4} \\[2mm] N_{x\varphi} = \dfrac{Eh}{a}\dfrac{\partial^4 \phi}{\partial \xi^3 \partial \varphi} \end{cases} \tag{4-33}$$

$$\begin{cases} M_x = -\dfrac{D}{a^2}\left(\dfrac{\partial^2}{\partial \xi^2} + \mu\dfrac{\partial^2}{\partial \varphi^2}\right)\nabla^2\nabla^2\phi \\[2mm] M_\varphi = -\dfrac{D}{a^2}\left(\dfrac{\partial^2}{\partial \varphi^2} + \mu\dfrac{\partial^2}{\partial \xi^2}\right)\nabla^2\nabla^2\phi \\[2mm] M_{x\varphi} = -\dfrac{D(1-\mu)}{a^2}\dfrac{\partial^2}{\partial \xi\partial \varphi}\nabla^2\nabla^2\phi \\[2mm] Q_x = -\dfrac{D}{a^3}\dfrac{\partial}{\partial \xi}\nabla^2\nabla^2\nabla^2\phi \\[2mm] Q_\varphi = -\dfrac{D}{a^3}\dfrac{\partial}{\partial \varphi}\nabla^2\nabla^2\nabla^2\phi \end{cases} \tag{4-34}$$

通过简化式(4-31)的解,写成齐次解与特解之和的形式,那么其齐次解就是方程

$$\nabla^2\nabla^2\nabla^2\nabla^2 F^0 + 4\alpha^4\dfrac{\partial^4 F^0}{\partial \xi^4} = 0 \tag{4-35}$$

的通解。如果开口圆柱壳两端的曲线边缘是简支边界条件,则可假设解的形式为:

$$F^0(\xi,\varphi) = \sum_{m=1}^{\infty} A_m\, e^{\eta\varphi}\sin(\lambda_m\xi) \tag{4-36}$$

式(4-36)中 $\lambda_m = \dfrac{m\pi a}{l}$,能够满足圆柱壳两端的全部边界条件。

将式(4-36)代入方程式(4-35),有:

$$\sum_{m=1}^{\infty}\left\{A_m\left[(\eta^2 - \lambda_m^2)^4 + 4\alpha^4\lambda_m^4\right]\right\}e^{\eta\varphi}\sin(\lambda_m\xi) = 0 \tag{4-37}$$

在式(4-36)中,由于 $e^{\eta\varphi}\sin(\lambda_m\xi)$ 的任意性,所以不能等于 0。由式(4-36)可知系数 A_m 明显不能等于 0,所以要使式(4-37)成立,必然有:

$$(\eta^2 - \lambda_m^2)^4 + 4\alpha^4\lambda_m^4 = 0 \tag{4-38}$$

式(4-38)的 8 个根是:

$$\begin{cases} \eta_1 = -\eta_2 = \rho(a + ib) \\ \eta_3 = -\eta_4 = \rho(a - ib) \\ \eta_5 = -\eta_6 = \rho(c + id) \\ \eta_7 = -\eta_8 = \rho(c - id) \end{cases}$$

其中,

$$\rho = \sqrt{\dfrac{\lambda_m}{2}} \tag{4-39}$$

$$\begin{cases} a = \sqrt{\sqrt{A_1^2 + \alpha^2} + A_1} \\ b = \sqrt{\sqrt{A_1^2 + \alpha^2} - A_1} \\ c = \sqrt{\sqrt{A_2^2 + \alpha^2} + A_2} \\ d = \sqrt{\sqrt{A_2^2 + \alpha^2} - A_2} \end{cases}$$

其中，
$$\begin{cases} A_1 = \lambda_m + \alpha \\ A_2 = \lambda_m - \alpha \end{cases}$$

一切 ρ、a、b、c、d 的值都会随着 m 的不同而变化，为了书写方便，把脚标 m 省略了。于是方程式(4-35)的通解可以写成如下形式：

$$F^0(\xi, \varphi) = \sum_{m=1}^{\infty} \left[e^{-\rho a \varphi}(B_1 e^{i\rho b\varphi} + B_2 e^{-i\rho b\varphi}) + e^{-\rho c\varphi}(B_3 e^{i\rho d\varphi} + B_4 e^{-i\rho d\varphi}) + \right.$$
$$\left. e^{\rho a\varphi}(B_5 e^{i\rho b\varphi} + B_6 e^{-i\rho b\varphi}) + e^{-\rho c\varphi}(B_7 e^{i\rho d\varphi} + B_8 e^{-i\rho d\varphi}) \right] \sin \lambda_m \xi \qquad (4\text{-}40)$$

式(4-40)中的待定常数 $B_1 \sim B_8$ 包括了常系数 A_m。运用欧拉公式能够将式(4-40)中的虚数指数函数转变为实数三角函数，角度的规定如图 4-11 所示。ω 是自另一边缘量起的 φ 角。

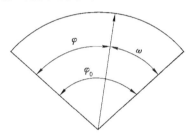

图 4-11　角度示意图

因此式(4-40)可写成如下形式：

$$F^0(\xi, \varphi) = (C_1 \phi_1 + C_2 \phi_2 + C_3 \phi_3 + C_4 \phi_4) \sin(\lambda_m \xi) \qquad (4\text{-}41)$$

其中，

$$\begin{cases} \varphi_1 = e^{-\rho a\varphi} \cos(\rho b\varphi) \pm e^{-\rho a\omega} \cos(\rho b\omega) \\ \varphi_2 = e^{-\rho a\varphi} \sin(\rho b\varphi) \pm e^{-\rho a\omega} \sin(\rho b\omega) \\ \varphi_3 = e^{-\rho c\varphi} \cos(\rho d\varphi) \pm e^{-\rho c\omega} \cos(\rho d\omega) \\ \varphi_4 = e^{-\rho c\varphi} \sin(\rho d\varphi) \pm e^{-\rho c\omega} \sin(\rho d\omega) \end{cases} \qquad (4\text{-}42)$$

为了简单方便，式(4-42)中的总和符号全部给取消了，但 m 仍然取 $1, 2, \cdots$。公式中的正号适用于对称荷载，负号适用于反对称荷载。

接下来考虑方程的特解 F^*，也要写成正弦单三角级数的形式：

$$F^*(\xi, \varphi) = \sum_{m=1}^{\infty} q_m \phi^* \sin(\lambda_m \xi) \qquad (4\text{-}43)$$

式中，$\phi^* = \phi^*(\varphi)$；q_m 为荷载的傅立叶系数：

$$q_m = \frac{2}{\xi_0} \int_0^{\xi_0} p_3 \sin(\lambda_m \xi) d\xi \qquad (4\text{-}44)$$

将式(4-40)和式(4-43)相加,能得到问题的全解 F:

$$F(\xi,\varphi) = \sum_{m=1}^{\infty} (C_1\phi_1 + C_2\phi_2 + C_3\phi_3 + C_4\phi_4 + q_m\phi^*) \sin(\lambda_m\xi) \qquad (4-45)$$

根据对称或反对称荷载和开口圆柱壳两端的支撑情况得到直线边缘的 4 个边界条件,这样就能求出公式的 4 个待定常数,那么问题得到了基本解决。

由于本模型只受法向均布荷载的作用,$p_3 = q =$ 常数,由式(4-44)可得:

$$q_m = \frac{4q}{m\pi} \quad (m=1,3,5,\cdots) \qquad (4-46)$$

由于法向荷载 p_3 与 φ 无关,故 ϕ^* 也必然与 φ 无关,所以再将式(4-43)代入式(4-31),得到常数 ϕ^*:

$$\phi^* = \frac{\alpha^4}{\lambda_m^2(\lambda_m^4 + 4\alpha^4)D} \quad (m=1,3,5,\cdots) \qquad (4-47)$$

代入式(4-43)得到特解:

$$F^* = \sum_{m=1,3,5,\cdots}^{\infty} \frac{16\alpha^4}{m\pi\lambda_m^4(\lambda_m^4 + 4\alpha^4)} \frac{qa^2}{Eh} \sin(\lambda_m\xi) \qquad (4-48)$$

将特解[式(4-48)]和齐次解[式(4-41)]相加,得到全解:

$$F(\xi,\varphi) = \sum_{m=1,3,5,\cdots}^{\infty} \left[C_1\varphi_1 + C_2\varphi_2 + C_3\varphi_3 + C_4\varphi_4 + \frac{16\alpha^4}{m\pi\lambda_m^4(\lambda_m^4 + 4\alpha^4)} \cdot \frac{qa^2}{Eh} \right] \sin(\lambda_m\xi) \qquad (4-49)$$

式(4-49)中的 4 个积分常数,因为边界是简支的,所以可以按式(4-50)求出。

$$\begin{cases} F=0 \\ F''=0 \\ F^{iv}=0 \\ F^{vi}=0 \end{cases} \quad (\varphi=0) \qquad (4-50)$$

式(4-49)中的 $\varphi_k(k=1,2,3,4)$ 得自式(4-42)。由于是对称荷载,那么位移和应力也应该是对称的,所以式(4-42)中必须用正号。当确定级数(4-49)中系数时,要利用关于 φ_k 的循环导数公式。实际上,式(4-49)级数收敛很快,所以仅需取级数中的第 1 项($m=1$)就可以获得足够的精确度。取 $m=1$,则其特解部分的系数为:

$$\frac{16\alpha^4}{m\pi\lambda_m^4(\lambda_m^4 + 4\alpha^4)} = k$$

于是方程式(4-49)改写为(取 1 项):

$$F(\xi,\varphi) = \left(C_1\varphi_1 + C_2\varphi_2 + C_3\varphi_3 + C_4\varphi_4 + k\frac{qa^2}{Eh} \right) \sin(\lambda_m\xi) \qquad (4-51)$$

这样就能较快地计算出四边简支开口圆柱壳的各项内力以及位移场和应力场,这样得到的计算结果能够满足一般工程精度要求。

对薄壳来说,可以直接通过内力计算出其主要应力的极大值公式:

$$\begin{cases} \sigma_x = \dfrac{N_x}{h} + \dfrac{6M_x}{h^2} \\[3mm] \sigma_\varphi = \dfrac{N_\varphi}{h} + \dfrac{6M_\varphi}{h^2} \\[3mm] \tau_{x\varphi} = \tau_{\varphi x} = \dfrac{N_{\varphi x}}{h} + \dfrac{6M_{x\varphi}}{h^2} \end{cases} \qquad (4\text{-}52)$$

在确定壳体的应力状态之后就能够选择合适的强度理论对结构的危险点进行强度校核。利用以上推导得出的计算公式,可以对三维网壳衬砌结构的内力进行计算和优化设计。

4.5 本章结论

(1)三维网壳锚喷结构能改善材料的受力性能,自身具有柔性让压性能,而且架间无薄弱部位,能提高支护结构的整体稳定性,与巷道围岩相互作用良好,能发挥围岩的自承能力。

(2)根据壳体结构原理,对开口圆柱形壳进行研究,得到了三维网壳衬砌结构的计算理论模型,即四边铰支的短柱薄壳结构模型。

(3)运用弹塑性理论对巷道围岩应力进行分析,得到支护结构的荷载大小,并利用短壳理论推导计算出壳体结构的应力表达式:

$$\begin{cases} \sigma_x = \dfrac{N_x}{h} + \dfrac{6M_x}{h^2} \\[3mm] \sigma_\varphi = \dfrac{N_\varphi}{h} + \dfrac{6M_\varphi}{h^2} \\[3mm] \tau_{x\varphi} = \tau_{\varphi x} = \dfrac{N_{\varphi x}}{h} + \dfrac{6M_{x\varphi}}{h^2} \end{cases}$$

在确定了壳体的应力状态之后就能够选择合适的强度理论对结构的危险部位进行强度校核,完成对三维网壳衬砌结构的内力计算和优化设计。

5 三维网壳衬砌结构模型试验

5.1 概述

我国煤矿软岩巷道支护常用的有工字钢、U型钢,特殊地段采用加强封闭式U型钢支架等,这些支护在力学性能和施工工艺等方面均存在明显不足,比如可缩性差、劳动强度大、工程造价高等。用钢筋焊接成格构式金属棚子,来代替型钢支架作为巷道支护喷层内部的加强支撑,虽然降低了钢材消耗和施工成本,但是这种格构金属棚支护方式与工字钢、U型钢支架一样,其架间部位仍是弱支护部位,难以承受较大的变形地压,根据第3章弱支护力学效应分析,所以巷道工程中通常仅用其作为施工期间的临时衬砌结构。本书根据地面大跨度网壳结构的力学原理,设计了新型三维网壳衬砌结构,克服了上述支护形式的缺点,彻底消除了弱支护根源,较好地解决了加强支撑、喷层合理配筋、简化施工作业、降低材料消耗等问题。

本章利用大型地下结构试验台,进行三维网壳衬砌结构的相似模型试验,来研究该结构的承载能力,结构喷层混凝土、三维网壳支架的力学性能,以及结构的变形、破坏形态和发展规律,以确保支护设计的可靠性,同时为理论分析提供依据。

5.2 相似模型试验基本理论

在试验应力分析中,模型试验常常是一种经济有效的方法。通常模型都是缩小的,并与原结构保持相似关系。根据相似关系可以将模型的试验数据换算成原型结构的数据。随着测试技术的飞速发展和各种新颖优质模型材料的开发和应用,模型试验在宇航、机械、土木工程等领域中日益成为一种现代化的试验研究方法。用模型试验代替大型原型结构试验或作为大型结构试验的辅助试验可以避免不利影响因素、降低试验费用、缩短试验周期等;某些新设计的结构或难以用理论分析的结构,需要用模型试验为其提供设计参数;为新的理论假设提供试验基础,检验理论假设的可靠性。模型试验中所用模型是仿照真实结构并以一定相似关系复制而成的。因此,模型与原型之间应满足相似关系是模型试验的基本要求,模型必需和原型保持相似才能用模型试验得到的数据和结果推算出原结构的数据和结果,分析计算的理论依据是相似理论[140-144]。

相似是指物理现象之间具有的对应关系,包括物理量之间的相似关系及物理过程的相似关系。物理量相似的前提是几何相似,一般几何相似比为常数,在相似理论中称为相似系数。

相似理论中,物理量相似包括荷载相似、质量相似、刚度相似等。为了保证两个物理现象的相应物理量在对应地点与对应时刻都具有相同的相似系数,在保证物理量相似的前提下,还必须使物理量的相似系数之间保持一定的组合关系,即保证物理过程相似。由此可见模型试验中相似的含义更广泛。下面介绍相似三大定理。

(1) 相似第一定理

彼此相似的现象,单值条件相同,其相似常数之间的组合关系相似指数为 1,或相似判据为一不变量,即相似第一定理。单值条件是指物理现象的几何条件、初始状态、边界条件等能决定现象性质并使其从其他现象中区分开来的那些条件。

(2) 相似第二定理

表示任一现象各物理量之间关系的方程式都可以转变为无量纲方程形式,无量纲方程各项即相似判据,这是相似第二定理。由相似第一定理可知彼此相似的现象有相同的判据,所以可根据相似第二定理推导得知彼此相似现象的判据方程是相同的。相似第二定理说明应当以相似判据之间的关系处理试验结果,使试验结果能推广到所有相似现象中去。

(3) 相似第三定理

相似第三定理可叙述为:现象的单值条件相似,而且由单值条件导出的相似判据与现象本身的相似判据相同是相似的充分必要条件。实际上,相似第一定理和第二定理明确了相似现象的本质,但未说明判别相似性所需要的条件,相似第三定理补足了该条件,即在模型试验时,只有模型的单值条件与原结构相同,而且相似判据相等,模型才能与原结构相似。因此,模型试验时,首先求出相似判据,进而设计模型,然后模拟单值条件进行试验,根据试验结果推算原结构的结果和受力性能。其中核心内容是求相似数据。

结构的模型试验要根据实际工程情况来设计。本次试验以潘三矿典型巷道工程为原型,目的是研究单片模型结构的受力、变形破坏规律及整架模型结构的承载能力。

5.3 单片结构模型试验

5.3.1 模型设计

通过考虑试验条件和潘三矿试验段巷道情况,试验选取设计结构中的一片拱顶结构为原型,几何相似比 $C_l=2$,表示实际工程中的原型结构和模型试验中的结构尺寸比为 2:1,制作模型用的材料要与原型结构相同,即 $C_E=C_\rho=1$。

本次试验测量的主要是应力,能够影响应力的参量主要有应力 σ、法向分布载荷 p、截面积 A、抗弯截面模量 D、几何量 L、弹性模量 E。参数方程可写成:

$$f(\sigma,p,A,D,L,E,\gamma)=0 \tag{5-1}$$

采用量纲分析法推导相似准则,则准则形式为:

$$\pi=\sigma^a P^b A^c D^d L^e E^f$$

将量纲代入:

$$[\pi]=[(ML/T^2)^0 L^0 T^0]$$
$$=[(ML/T^2)L^{-2}]^a [(ML/T^2)L^{-2}]^b [L^2]^c [L^3]^d [L]^e [(ML/T^2)L^{-2}]^f$$

由两边量纲相同可得到方程组:

$$\begin{cases} a+b+f=0 \\ -2a-2b+2c+3d-2f+e=o \end{cases} \tag{5-2}$$

式(5-2)中参数有 6 个,方程式只有 2 个,那么具有 4 个相似准则。相似准则较多的求解方法是采用量纲矩阵方法。将式(5-2)中的 a、b 变换为 c、d、e、f 的函数关系式。

$$\begin{cases} a=c+1.5d+0.5e-f \\ b=-c-1.5d-0.5e \end{cases} \tag{5-3}$$

由于有 4 个相似准则数,那么 c、d、e、f 前后应该设置 4 套参数,最简单的方法是设其中一个为 1,剩余 3 个为 0,则:

$$\begin{cases} c=1, d=e=f=0 \\ d=1, c=e=f=0 \\ e=1, c=d=f=0 \\ f=1, c=d=e=0 \end{cases} \Rightarrow \begin{cases} a=1, b=-1 \\ a=1.5, b=-1.5 \\ a=0.5, b=-0.5 \\ a=-1, b=0 \end{cases} \tag{5-4}$$

此解能写成矩阵形式,取名 π 矩阵,列量纲矩阵见表 5-1。

表 5-1　量纲矩阵

指数参量	a	b	c	d	e	f
	σ	p	A	D	L	E
π_1	1	-1	1	0	0	0
π_2	1.5	-1.5	0	1	0	0
π_3	0.5	-0.5	0	0	1	0
π_4	-1	0	0	0	0	1

由此可得准则:

$$\begin{cases} \pi_1=\dfrac{\sigma}{E} \\[2mm] \pi_2=\dfrac{p}{E} \\[2mm] \pi_3=\dfrac{A}{L^2} \\[2mm] \pi_4=\dfrac{D}{L^3} \end{cases} \tag{5-5}$$

由准则 $\pi_1=\dfrac{\sigma}{E}$ 可得 $\dfrac{\sigma}{E}=\dfrac{\sigma'}{E'}$,即 $C_E=C_\sigma$。因为模型与原型所用材料相同,所以 $C_\sigma=C_E=1$,即模型上各点所测得的应力值与原型上对应点的值相等。同理,由准则 $\pi_2=\dfrac{p}{E}$ 可得 $C_p=C_E=1$,即施加在模型上的法向面分布荷载与原型上所受的实际荷载相等。模型与原型是几何相似的,模型上所有的尺寸都是按几何相似比缩小的。故准则 $\pi_3=\dfrac{A}{L^2}$,$\pi_4=\dfrac{D}{L^3}$ 自动满足。

5.3.2　模型制作

结合潘三矿西二石门四联-五联巷道情况,取一片三维网壳衬砌结构在地下结构实验室进行几何相似比 $C_l = 2$ 的原材料相似模型试验,分析模型结构的力学性能和承载能力,以及其变形、破坏形态与发展规律,来保证支护设计的可靠性。模型所用材料与原型相同,即 $C_E = C_\rho = 1$。混凝土强度等级为 C20,配合比 $m_{砂子} : m_{水泥} : m_{石子} : m_{水} = 2 : 1 : 2 : 0.45$。根据相似条件确定钢筋型号,主弧筋 $\phi 12$ mm,其余钢筋 $\phi 8$ mm,结构模型的高度为 400 mm,厚度为 100 mm。为了确保模型构件在加载期间的强度稳定,一定要在模型养护期满后才能进行试验。

在钢筋上布置 22 个测点:主弧筋上有 3 个测点,次弧筋上有 4 个测点,纵向桥架钢筋上有 5 个测点,弧形桥架筋上有 3 个测点,连接筋上有 3 个测点。钢筋上的所有测点都要沿着钢筋的走向来粘贴应变片。在外层混凝土结构上也要贴上应变片,在内侧面中间和端部设置 2 个测点,每个测点都安设纵、横方向的应变片,如图 5-1 所示。

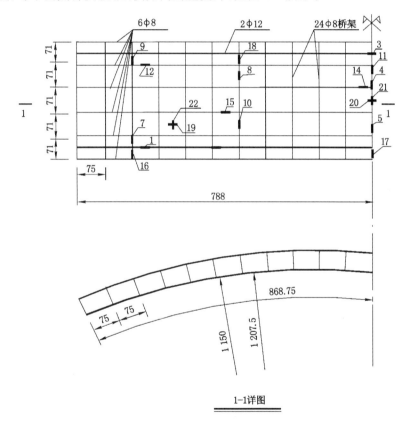

图 5-1　测点布置图(单位:mm)

1 号是主弧筋上距端部 $\frac{1}{6}$ 主弧筋长度处的测点,2 号是主弧筋上距右侧端部 $\frac{1}{3}$ 主弧筋长度处的测点,3 号是主弧筋上距端部 $\frac{1}{2}$ 主弧筋长度处的测点。4、5 号是桥架上距端部 $\frac{1}{2}$ 桥架长度处的测点,6 号是右侧桥架上距端部 $\frac{1}{6}$ 桥架长度处的测点,7 号是左侧桥架上距端部 $\frac{1}{6}$ 桥架长度处的测点,8 号是桥架上距端部 $\frac{1}{3}$ 桥架长度处的测点。9 号是弧形桥架上距端部 $\frac{1}{6}$ 桥架长度处的测点,10 号是弧形桥架上距端部 $\frac{1}{3}$ 桥架长度处的测点,11 号是弧形桥架上距端部 $\frac{1}{2}$ 桥架长度处的测点。12 号是次弧筋上距端部 $\frac{1}{6}$ 桥架长度处的测点,13 号是次弧筋右侧上距端部 $\frac{1}{6}$ 次弧筋长度处的测点,14 号是次弧筋上距端部 $\frac{1}{3}$ 次弧筋长度处的测点,15 号是次弧筋上距端部 $\frac{1}{2}$ 次弧筋长度处的测点。16 号是距连接筋距端部 $\frac{1}{6}$ 连接筋长度处的测点,17 号是连接筋距端部 $\frac{1}{2}$ 连接筋长度处的测点,18 号是连接筋距端部 $\frac{1}{3}$ 连接筋长度处的测点。19、22 号分别是混凝土表面距端部 $\frac{1}{6}$ 处的环向、纵向测点,20、21 号分别是混凝土表面距端部 $\frac{1}{2}$ 处的环向、纵向测点。

5.3.3　试验加载与测量

试验装置如图 5-2 所示。为了能够充分体现巷道围压环境,在模型结构周围设置了 3 台油压千斤顶,每台都能施加 1 000 kN 的压力。同时在结构支座处垫上钢板,把黄油涂在钢板上,以保证模型结构受力时能够径向移动。为了能够使千斤顶传来的力均匀传到模型结构上,在模型结构和千斤顶之间设置了 3 块钢板,用木板挡住缝隙,再用沙浆填密实,这样能够模拟均布面荷载。

图 5-2　单片模型加载图

油缸输出读数的单位为 MPa,根据油缸上压力的换算关系式:

$$p = 32.779p_{油} + 3.892\,9 \tag{5-6}$$

式中　p——油缸的输出压力,kN；

　　　$p_油$——油缸的输出读数,MPa。

上述模型结构纵向位移的计算公式为：

$$\Delta r = \bar{\varepsilon} \cdot r = 1.13\bar{\varepsilon} \times 10^{-3} \qquad (5\text{-}7)$$

式中　$\bar{\varepsilon}$——模型结构的环向平均应变；

　　　r——模型结构的内半径,mm。

荷载加载从油压读数为 0.5 MPa 开始,每增加 1.0 MPa 数据测量 1 次,直到模型结构破坏为止,油压换算关系式为式(5-6)。

5.3.4　试验结果分析

在模型结构浇注的同时浇注了 1 组混凝土标准试件,用此标准试件来确定混凝土试件的破坏强度,混凝土标准试件的试验结果为：$P_{cr1} = 718$ kN,$P_{cr2} = 752$ kN,$P_{cr3} = 687$ kN。这样就能够得到混凝土试件的破坏强度 $\sigma_c = 26.8$ MPa。

对试验所得结果进行分类,见表5-2。

表 5-2　试验测点应变值

荷载/MPa	测点应变值 $\varepsilon/\times10^{-3}$										
	1	2	3	4	5	6	7	8	9	10	11
0.5	68	52	399	174	118	128	71	103	−88	−52	−267
1.5	120	43	468	213	150	150	95	159	−67	−6	−121
2.5	131	61	475	214	142	150	94	161	−68	−2	−179
3.5	182	129	489	219	165	159	103	186	−70	−5	−13
4.5	250	189	496	226	172	176	112	197	−67	1	−121
5.5	333	262	502	232	202	188	121	217	−56	12	−89
6.5	411	323	510	238	228	198	130	232	−53	10	−101
7.5	498	408	523	245	221	286	140	248	−50	18	−49
8.5	609	484	531	250	239	291	151	264	−46	23	−76
9.5	720	606	541	260	266	296	172	282	−39	30	−47
10.5	863	824	553	274	280	312	198	301	−30	40	1
11.5	958	973	585	289	312	317	235	330	−20	53	6
12.5	1 027	1 081	605	332	322	314	276	366	−8	62	144
13.5	1 076	1 146	613	363	342	343	402	416	−1	79	188
14.5	1 107	1 142	798	464	299	398	595	496	7	126	454

荷载/MPa	测点应变值 $\varepsilon/\times10^{-3}$										
	12	13	14	15	16	17	18	19	20	21	22
0.5	−143	−249	−42	−164	−312	−67	−37	−150	165	−96	−162
1.5	−267	−427	−136	−365	−295	−61	−8	−170	151	−121	−176
2.5	−291	−472	−173	−405	−293	−41	−14	−202	151	−127	−178

表 5-2(续)

荷载 /MPa	测点应变值 $\varepsilon/\times10^{-3}$										
	12	13	14	15	16	17	18	19	20	21	22
3.5	−333	−520	−189	−473	−288	−48	10	−240	160	−131	−177
4.5	−364	−574	−224	−526	−285	−20	14	−266	162	−132	−181
5.5	−407	−646	−259	−613	−279	−22	18	−317	178	−134	−175
6.5	−439	−701	−303	−674	−280	−25	47	−347	230	−136	−172
7.5	−473	−772	−353	−755	−276	−24	53	−385	383	−137	−163
8.5	−505	−828	−384	−820	−273	−10	76	−411	435	−138	−157
9.5	−517	−908	−437	−907	−270	−11	87	−434	476	−139	−155
10.5	−543	−992	−499	−1 007	−262	−4	113	−453	499	−145	−154
11.5	−565	−1 101	−622	−1 148	−254	2	160	−399	501	−146	−153
12.5	−598	−1 193	−741	−1 278	−244	13	260	−408	497	−150	−181
13.5	−628	−1 320	−917	−1 411	−231	17	334	−422	488	−155	−190
14.5	−809	−1 181	−1 188	−1 239	−200	19	203	−89	452	−145	−226

根据表 5-2 中试验数据绘制荷载-应变关系曲线,如图 5-3 至图 5-8 所示。

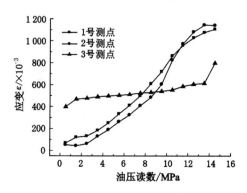

图 5-3　主弧筋应变-荷载关系曲线

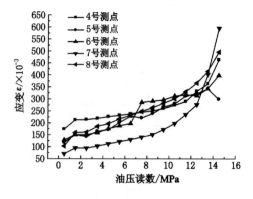

图 5-4　纵向桥架钢筋应变-荷载关系曲线

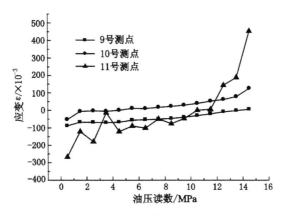

图 5-5　弧形桥架钢筋应变-荷载关系曲线

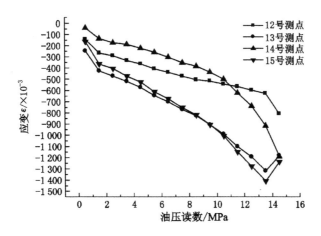

图 5-6　次弧筋应变-荷载关系曲线

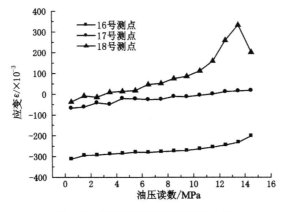

图 5-7　连接筋应变-荷载关系曲线

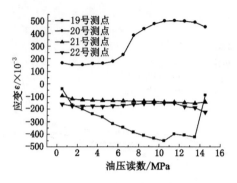

图 5-8　混凝土应变-荷载关系曲线

由表 5-2 中 19、20、21、22 号测点的应变值,根据式(5-7)计算出模型结构在各个荷载作用下的环向、纵向位移,计算结果见表 5-3。

表 5-3　测点位移值

荷载/MPa	19 号测点 环向位移/$\times 10^{-3}$ mm	20 号测点 环向位移/$\times 10^{-3}$ mm	19 号测点 纵向位移/$\times 10^{-3}$ mm	20 号测点 纵向位移/$\times 10^{-3}$ mm
0.5	−169.50	186.45	−108.48	−183.06
1.5	−192.10	170.63	−136.73	−198.88
2.5	−228.26	170.63	−143.51	−201.14
3.5	−271.20	180.8	−148.03	−200.01
4.5	−300.58	183.06	−149.16	−204.53
5.5	−358.21	201.14	−151.42	−197.75
6.5	−392.11	259.90	−153.68	−194.36
7.5	−435.05	432.79	−154.81	−184.19
8.5	−464.43	491.55	−155.94	−177.41
9.5	−490.42	537.88	−157.07	−175.15
10.5	−511.89	563.87	−163.85	−174.02
11.5	−450.87	566.13	−164.98	−172.89
12.5	−461.04	561.61	−169.50	−204.53
13.5	−476.86	551.44	−175.15	−214.70
14.5	−100.57	510.76	−163.85	−255.38

根据表 5-3 中的试验数据绘制荷载-位移关系曲线,如图 5-9 所示。

由图 5-3 至图 5-8 所示荷载-应变关系曲线可知:在油缸荷载施加初期,三维网壳支架钢筋受力良好,主弧筋、桥架钢筋以受拉为主,其他钢筋以受压为主,而且在较小的荷载水平下,模型结构的径向位移非常小。当油缸荷载接近破坏临界值时,试验模型内的主、次弧筋屈服,连接筋及桥架钢筋受力不大,处于较小的应力状态,因此可知主、次弧筋是三维网壳锚喷结构的主承载筋,连接筋和桥架钢筋在主、次弧筋内形成空间网状结构,主要作用是支撑

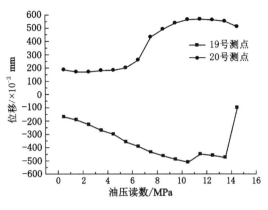

图 5-9　混凝土环向位移

主、次弧筋,喷层混凝土达到抗压强度、抗拉强度极限,这说明三维网壳锚喷结构充分发挥了材料性能,使结构均匀受力,避免应力集中现象出现。由图 5-9 和图 5-10 所示混凝土荷载-位移关系曲线可知:混凝土的环向受力有拉有压,混凝土纵向受力以压应力为主,纵向位移较小,说明其抗压性能发挥得较充分。

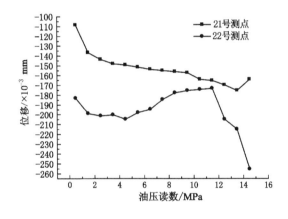

图 5-10　混凝土纵向位移

　　模型试验过程中,当荷载达到 9 MPa 时,裂纹开始出现在模型端面处。荷载达到 12 MPa 以上时模型构件两端开始掉皮,并且出现径向滑动,但是结构没有破坏,整个模型结构还是稳定的。继续加载,模型构件混凝土保护层开始出现裂缝,但是这对模型结构的承载力影响不大。当荷载达到 14.5 MPa 时,模型结构破坏。模型结构破坏位置在靠近模型两端支撑面附近,混凝土被压碎,破坏截面为斜截面,属于压剪破坏。

　　在上述试验过程中,试验模型破坏时,在模型结构对称面周围出现了一些倾斜的裂纹,模型结构端部破坏,如图 5-11 所示,通过分析可知主要是端部出现的应力集中现象所导致的。端部过早破坏,从而使整个结构的承载力有所降低,其实该结构的承载力还有上升的空间。因为在实际工程中,各个三维网壳支架是用可缩性垫板连接的,通过加入可缩性垫板可以避免应力集中现象。同时从试验中可以看出:模型拱形段非常牢固,模型破坏时该位置处只出现了微小细纹,所以在工程应用时将此支护结构的直墙腿改成曲墙腿,承载能力得到大幅度提高。

(a)

(b)

图 5-11　试件破坏状态图

5.4　整架结构承载力试验

为了检验三维网壳锚喷结构的承载能力,进行了整架模型的室内加载试验,模型结构和加载装置如图 5-12 所示,模型结构几何相似比 $C_l = 1.5$,混凝土厚度为 100 mm,模型宽度为 540 mm,底端跨度为 3 500 mm,高度为 2 850 mm。钢筋选用型号为:主弧筋 $\phi 22$ mm,次弧筋 $\phi 16$ mm,其他钢筋 $\phi 8$ mm。混凝土型号和配合比与单片模型试验相同。试验共使用 13 台千斤顶对模型结构进行加载,用混凝土底座支撑模型结构的底脚,在底脚之间采用可缩横向支撑,这样可以模拟巷道底板围岩对支护结构底脚的两向让压支撑作用。试验加载时,结构顶部的千斤顶和两帮的千斤顶同步加载,两帮和顶部千斤顶加载强度之比为 0.7～0.8。

上述试验过程中,当荷载加载到 133 kN 时,模型结构右腿下陷,混凝土底座被压坏,模型直腿中间部分出现了裂纹,但模型结构的整体稳定性良好。当荷载加载到 318 kN 时,模型结构失稳,表现为模型右直腿被折断,破坏情况如图 5-12 所示。由图 5-12 可以看出:模型拱顶没有出现破坏,左直腿中间部位出现了裂纹,说明模型结构直腿是薄弱部位。

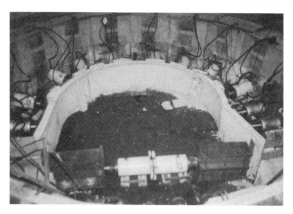

图 5-12　整架模型加载图

因为模型结构选用的材料与原型结构一样,假设实际工程中三维网壳锚喷支护结构受到的水平地压、垂直地压之比与模型结构相同,那么原型结构的破坏应力状态与模型结构相同,所以原型结构的承载力可以用下式求得:

$$原型三维网壳锚喷结构承载能力=模型试验结构承载能力×结构截面面积相似比$$
$$=318×1.5^2=716（kN）$$

由上式所得计算结果可知该结构的承载力非常可观,相当于 U29 型钢支架的极限承载力。若支护结构直腿变为曲腿,再加上一个反底拱,构成全封闭型三维网壳锚喷结构,承载力将得到大幅度提高,而且全封闭的结构形式可以消除因局部弱支护而产生的底鼓、顶帮破坏等现象,保证巷道的长久稳定。

5.5　本章结论

（1）由单片结构模型试验得到的荷载-应变关系曲线可知:三维网壳支架钢筋受力良好,主弧筋、桥架钢筋以受拉为主,其他钢筋以受压为主,而且在较低的荷载水平下,模型结构的径向位移非常小。

（2）单片结构模型试验过程中,当荷载达到 9 MPa 时,裂纹开始出现在模型端面处;试验荷载达到 12 MPa 以上时,模型构件两端开始掉皮,而且出现径向滑动,但是结构没有破坏,整个模型结构还是稳定的;继续加载,模型构件混凝土保护层开始出现裂缝,但这对模型结构的承载力影响不大;当荷载达到 14.5 MPa 时,模型结构破坏。模型结构破坏位置在靠近模型两端支撑面附件,混凝土被压碎,而模型拱形段只出现了微小细纹。

（3）根据单片结构模型试验过程和破坏状态可知模型结构的破坏属于压剪破坏。当施加荷载接近极限值时,三维网壳支架内主弧筋和次弧筋屈服,喷层混凝土达到极限强度,发生破坏,这充分说明该支护结构能充分发挥各种材料的性能,使结构均匀受力,避免应力集中。

（4）由整架模型结构的承载力试验可知：荷载达到 318 kN 时模型结构失稳，表现为模型右直腿被折断，模型拱顶没有出现破坏，左直腿中间部位出现了裂纹，这说明模型结构直腿是薄弱部位。将模型结构的承载力换算成原型结构的承载力，结构的承载力相当可观，相当于 U29 型钢支架的极限承载力。若支护结构直腿变为曲腿，再加上一个反底拱，构成全封闭型三维网壳锚喷结构，承载力将得到大幅度提高，而且全封闭的结构形式可以消除因局部弱支护而产生的底鼓、顶帮破坏等现象，保证巷道的长久稳定。

6 三维网壳锚喷结构支护巷道数值模拟

6.1 概述

工程技术领域有很多力学问题,如固体力学中的应力、应变场分析,可以看作在一定的边界条件下求解基本微分方程。虽然人们已经建立了基本方程和确定了边界条件,但是只能求出少数简单问题的解析解。对于那些数学方程式比较复杂,边界形状又不规则的问题,采用解析法求解在数学上往往会遇到难以想象的困难,因此通常需要借助各种行之有效的数值计算方法,从而获得满足工程需要的数值解。

数值模拟方法也称为计算机模拟方法,以电子计算机为载体,运用数值计算和图像显示的方法,达到对工程问题进行研究的目的。数值模拟方法是通过对所要研究的结构系统构造相应的数学模型,利用电子计算机求解大规模的代数方程组来模拟结构系统的反映过程的方法。数值方法的一个突出优点是能够很好地考虑介质的各向异性、非均质性及其随时间的变化,复杂边界条件和介质不连续等[145-148]。

本章以潘三矿试验段巷道支护工程为背景,根据第 5 章模型试验得出的设计建议,将支护结构设计成全封闭三维网壳锚喷支护结构,对该结构支护段巷道利用 Midas/GTS 数值分析软件进行分析计算,得到巷道围岩及支护结构的位移、应力等的分布规律,以此来评价支护设计的合理性,为支护结构的优化提供数值计算依据。

6.2 Midas/GTS 软件简介

GTS(geotechnical and tunnel analysis system)是包括渗透分析和施工阶段应力分析等岩土工程所需的几乎全部分析功能的通用数值分析软件。GTS 是将通用分析程序 MIDAS/Civil 的结构分析功能部分,与前后处理程序 MIDAS/FX+ 的几何建模和网格划分功能相结合,并加入了适用于岩土和隧道领域的专用分析功能,所以相比其他数值计算软件有很多针对性的改进。

GTS 的主要特点概括如下:

(1) 经过验证的各种分析功能;

(2) 快速精确的有限元求解器;

(3) 方便快捷的三维几何建模功能;

(4) 网格自动划分和映射网格等网格划分功能;

(5) 方便快速的隧道建模助手;

（6）快速显示模型和图像处理功能；

（7）Windows 环境下的中文操作界面系统；

（8）应用图形技术来分析、表现结果；

（9）计算书输出功能。

MIDAS/GTS 的使用范围很广，包括：

（1）在隧道及井巷工程中：

① 各种加固形式巷道围岩的稳定性分析；

② 混凝土衬砌结构分析；

③ 应力-渗流耦合分析；

④ 软弱岩层的稳定性分析；

⑤ 巷道开挖对地下水的影响分析；

⑥ 施工阶段分析；

⑦ 逃生通道的连接部分以及中间部分的稳定性分析；

⑧ 动力抗震的分析；

⑨ 巷道及井巷入口的稳定性分析。

（2）在大坝工程中：

① 应变-应力分析；

② 应力-渗流耦合分析；

③ 地基分析；

④ 抗震动力分析；

⑤ 管道和渗流稳定分析。

（3）在临时设施、地下连续墙中：

① 地下水影响分析；

② 地基沉降分析；

③ 开挖稳定分析。

（4）在地下结构工程中：

① 开挖稳定分析；

② 结构-地基相互作用分析。

（5）在回填土工程中：

① 变形和稳定性分析；

② 填土地基和原地基的压实沉降分析。

（6）在桩基工程中：

① 群桩和单桩分析；

② 大直径桩的承载力分析。

（7）在桥墩、桥台工程中：

① 桥墩应力状态分析；

② 桩基稳定性分析；

③ 桥墩桩基稳定性分析；

④ 桥台的侧向推移分析。

所以 GTS 在岩土工程中的应用还是很广的,一般的工程问题基本都能够得到很好的解决。并且 GTS 是中文界面,不需要输入命令代码,所以更容易操作。但是工程问题作为实际问题,往往比想象的更加复杂,数值模拟不可能对实际问题的模拟分析完全等效,所以在一定的条件下需要对问题进行合理的简化。因此,如何建立一个合适的数值模型是数值计算开始的第一步,通常遵循以下几个原则:目的性、全面性、真实性、简明化。软件大致的操作步骤为:定义属性→生成几何体→网格划分→边界条件添加→定义施工阶段→计算分析→输出结果。

属性的定义包括材料结构单元类型和本构模型的选取,然后输入参数。GTS 所提供的结构单元和本构模型如下:

(1) GTS 所提供的结构单元包括:只受拉单元、只受压单元、桁架单元、梁单元、板单元、平面应变单元、平面应力单元、轴对称单元、实体单元及接触单元。

① 桁架单元通过 2 个节点组成单元,属于既能单向受压又能单向受拉的三维线性单元,能够传递轴向的压力和拉力。只受拉单元和只受压单元都是桁架单元的特殊形式,只能传递轴向压力和轴向拉力中的一种。

② 梁单元是三维棱柱状单元,该软件中的梁单元默认的是能够分析剪切变形的蒂莫辛柯(Timoshenko)梁,而如果在截面特性中没有输入剪切面积时,该软件不会再分析剪切变形的影响。板单元是在同一平面上通过 4、6、8 个节点组成的三维单元。板单元能够分析平面受弯、平面受剪、厚度方向的剪切、受压、受拉,因此能够用以模拟分析混凝土喷层、筏板、护壁土墙和衬砌结构等。通常情况下板单元要选择四节点单元,尤其是需要精确结果的区域、应力集中区域和应力有较大范围变化的区域。当采用板单元来分析计算曲面的时候,相邻单元之间的夹角最好不要超过 10°。而在对精度要求较高的位置处进行分析时,夹角最好为 2°～3°,这样能够提高计算精度。

③ 平面应力单元是由同一平面上的 3,4,6,8 个节点构成的三维平面应力单元。平面应力单元只能够承受面内方向的荷载作用。该单元一般用于模拟厚度相等的薄板。单元虽然没有厚度方向上的应力项,但是考虑到泊松比的作用,厚度方向是存在应变项的。平面应力单元有四边形单元和三角形单元,仅具有平面内的受压刚度、受拉刚度和剪切刚度。其中,四边形单元的位移和应力结果比较接近真实值,但是三角形单元的分析结果中位移比较准确,而应力精确度相对低。所以在需要准确的分析结果的位置处,应尽量采用四边形单元。形状上过渡时一般使用三角形单元。平面应力单元是没有旋转自由度的,所以与没有旋转自由度的单元连接时容易发生奇异。另外,单元长宽比需要根据单元的类型、几何形状和结构形态而定。一般来说,将单元长宽比控制在接近 1.0、四边形单元的 4 个角接近 90°,而且单元的尺寸小一些收敛性会更好。

④ 平面应变单元。大坝或隧道等结构的特点是长度较大,所以在沿长度方向上截面大小和内力几乎不发生变化,此时结构可以使用平面应变单元模拟。平面应变单元也有三角形单元和四边形单元,也具有平面内的抗压刚度、抗拉刚度、剪切刚度和厚度方向的抗压刚度、抗拉刚度。平面应变单元可以与梁单元、桁架单元、弹簧和接触单元混合使用,可以进行线性静力分析、非线性静力分析和线性动力分析。平面应变单元没有厚度方向上的应变项,

但是根据泊松比效应厚度方向上有应力项。从应力的角度出发,四边形单元比三角形单元的模拟计算结果更好一些,而且单元长宽比同样应尽量接近1.0。

⑤ 轴对称单元用于形状、材料、荷载条件等都对称于某个旋转轴的结构(如深井、圆形基础、圆形隧道)。该单元不能与其他单元混合使用,可用于线性静力分析和非线性静力分析。轴对称单元是指针对三维对称模型考虑其轴对称特性后简化成的二维单元模型。轴对称单元和平面应变单元相同,采用四边形单元比三角形单元的计算结果更好一些,单元形状比也应尽可能接近1.0。

⑥ 实体单元是由四节点、六节点和八节点构成的三维实体单元。可以根据单元的边线上是否有中间节点,将其分为高阶单元和一般单元。实体单元仅有 3 个平移自由度,没有旋转自由度。一般情况来说,高阶单元和六面体单元(八节点单元)的位移和应力的计算结果与实际情况比较接近。三角锥单元(四节点单元)或者三角棱柱单元(六节点单元)的位移计算比较准确,但是应力结果精确度相对较低,所以这两种单元一般只用于不同尺寸的六面体单元之间的过渡,在需要做精密分析的位置处应尽量避免使用,因为实体单元没有旋转刚度,所以与其他没有旋转自由度的单元相连时容易产生奇异。当实体单元与梁单元或板单元等具有旋转自由度的单元相连时,应该通过施加一些约束条件,如主从节点功能或者加刚性力臂,来约束连接节点位置的旋转。单元的长宽比与单元的类型、几何尺寸和结构形状等有关。单元长宽比应尽量接近1.0,六面体单元的 8 个内部角度应尽量接近90°。如果整体结构较难满足这些条件时,应该尽量在应力集中或需要详细分析的位置满足此条件,因为单元尺寸较小时收敛性更好。实体单元可以与板单元、平面应力单元、梁单元、桁架单元、植入式桁架单元、弹性连接单元、弹簧及接触单元混合使用,也可以进行线性静力分析、非线性静力分析和线性动力分析。

土工格栅是用于沙土、砾岩等地基上的高分子材料,是与土木工程施工技术密切相关的纤维制品,最初被应用于防止沙土液化和过滤,后来被广泛应用于地层的分离、加固和排水中,最近被应用于防水、防裂、地下构筑物的保护、吸收冲击力等。程序中的土工格栅单元没有抗弯能力,仅具有抗拉强度的薄膜单元。

(2)软件提供了 13 种岩土模型,要想为模拟材料选取恰当的本构模型,就必须对所涉及各种本构模型的优缺点和使用范围有大致的了解。本构模型的选取关系模拟计算的准确与否,不是所有的本构模型都适合所有的岩土。例如,剑桥模型和修正剑桥模型适合于一般超固结土,但对于严重超固结土并不适用。

6.3　数值计算分析

6.3.1　计算模型建立原则

原型都是比较复杂的、具体的、现象与本质的统一体,在这样的实际条件下,如果不经过一定的抽象和有必要的简化,计算起来往往比较困难。如何建立正确、合理的数值模拟模型是数值分析的首要任务。数值模拟模型的建立主要以计算机为载体,因而可以理解为:数值模拟研究是以计算机为平台进行的一系列关于围岩变形破坏规律等的试验研究。在建立数值模拟模型时必须遵循一定的原则,以确保模型正确、合理。

建立计算模型应遵循的原则如下:

(1) 目的性原则。从矿上的实际情况出发抽象出与建立数值模拟模型目的有关的因素,忽略与建模目的无关的或关系不太大的因素。

(2) 简明化原则。在建立模型时,要根据实际情况对所给出的假设条件进行一定的简化,但必须是准确的,主要目的是有利于模型的构造。

(3) 真实性原则。假设的条件要合情合理,并且简化所带来的误差要在实际问题所允许的范围内。

(4) 全面性原则。不仅要对事物原型本身做出准确的假设,还要给出原始模型所处环境条件等因素。

6.3.2　计算模型建立

6.3.2.1　计算条件

通过对潘三矿巷道的具体分析,选取具有代表性的西二石门四联-五联 150 m 段软弱、破碎失稳巷道进行数值模拟分析。

巷道基本情况为:西二石门四联-五联长 150 m,计算埋深取－550 m,断面形状为三心拱形。西二石门四联-五联原有支护采用 U29 型钢＋金属网支护,局部地段曾注浆加固。经对巷道围岩松动圈的现场监测、分析,得知围岩最终破坏深度以上的岩层呈松散破碎状,选择全封闭三维网壳锚喷支护方案:先固定锚杆,再进行三维网壳支架安装,最后浇筑混凝土。锚杆规格为 $\phi20$ mm×2 400 mm,底角锚杆与竖直方向之间的夹角为 45°,间、排距为 700 mm×700 mm,呈梅花状布置。

支护结构以及围岩的参数选取见表 6-1、表 6-2 和表 6-3。

表 6-1　围岩参数

物理量	弹性模量/GPa	泊松比	抗拉强度/MPa	黏聚力/MPa	摩擦角/(°)
粉砂岩	1.2	0.25	0.7	1.4	48
泥岩	0.8	0.28	0.5	1.1	33
细砂岩	1.5	0.35	0.8	1.5	32
中粒砂岩	1.6	0.21	1.1	1.3	29

表 6-2　支护结构参数

物理量	弹性模量/GPa	泊松比	抗拉强度/MPa	黏聚力/MPa	摩擦角/(°)	残余黏聚力/MPa	法向刚度/(N/m)	切向刚度/(N/m)
网壳锚喷结构	58	0.28	0.4	1.2	40	1×10^6	8.5×10^{12}	8.5×10^{12}
网壳	0.05	0.3	—	0.012	30			1.1×10^{10}

表 6-3   锚杆参数

抗压强度 /MPa	抗拉强度 /MPa	弹性模量 /GPa	单位长度砂浆黏聚力 /(N/m)	砂浆摩擦角 /(°)	单位长度砂浆刚度 /(N/m²)
280	280	225	$2.7×10^5$	0	$2.2×10^8$

6.3.2.2   计算模型

（1）计算模型结构的宽度为 40 m、高度为 50 m，纵向深度为 10.5 m。该模型要有足够大的尺寸来消除边界效应的影响，巷道处于模型的中心。模型的网格划分如图 6-1 所示。

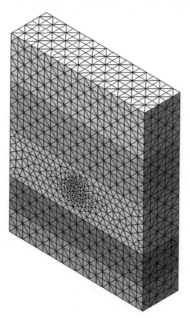

图 6-1   模型网格划分

（2）根据实际经验和采矿理论，考虑巷道埋深大的特点，对模型上边界和水平边界自由加载，荷载大小为上覆岩层重力。根据潘三矿深部软弱、破碎巷道的实际情况，初始地应力的取值如下：竖向应力根据公式 $\sigma_z = \gamma h$ 计算求出，γ 为重度；水平应力取竖向应力的 1.4 倍。

6.3.2.3   边界条件

计算区域采用位移边界条件和应力边界条件控制。在前后左右端面及底部采用固定垂直于端面的位移和位移速率为 0 的约束。上表面采用应力边界条件控制，应力为作用于计算模型顶面的地应力（假定该地应力是垂直的）。

6.3.3   模型数值计算及结果

巷道原有支护采用 U29 型钢＋锚网喷支护，刷帮后采用三维网壳锚喷支护。从分析三维网壳支护结构对深井软岩巷道治理的效果出发，建立了三维网壳锚喷结构支护模型。

　　为了消除计算中可能出现的边界效应,模型具有足够大的尺寸,其中以巷道轴线为计算模型中心,模型的宽度为 40 m,高度为 60 m,纵向深度为 10.5 m,计算深度为 -550 m。由于潘三矿软弱、破碎失稳巷道为破碎性大断面,考虑模型的完整性,取整个模型进行分析研究。模型边界条件为:限制模型在 z 轴方向的竖向位移,限制模型前后面在 y 轴方向的位移,限制模型左右界面在 x 轴方向的位移。

　　巷道施工是分段进行的。本章对巷道施工阶段进行数值模拟分析,该段巷道进深 10.5 m,共分 5 步开挖,每段开挖 2.1 m。巷道每段施工完成后进行三维网壳锚喷支护,首先施工锚杆,锚杆规格为 $\phi20$ mm × 2 400 mm,底角锚杆竖向夹角为 45°,间、排距为 700 mm × 700 mm,呈梅花形布置。接着施工锚索,锚索规格为 $\phi22$ mm × 7 500 mm,间、排距为 2 100 mm × 2 100 mm;接着架设三维网壳支架,最后施工混凝土喷层形成三维网壳锚喷支护结构。在巷道施工完成后分析巷道围岩及支护结构的位移、应力等分布规律。

　　由图 6-2 所示巷道围岩水平位移分布图可知:围岩水平位移相对较大处位于巷道的两帮,左右帮 1 m 范围内的围岩变形相对来说较大,但是最大位移仅为 49.8 mm,位移大小范围为 18～50 mm。由图 6-3 所示巷道围岩竖向位移分布图可知:围岩竖向位移相对较大处位于巷道顶板,位移最大值为 64.8 mm,底板向上最大位移为 55.6 mm,巷道围岩变形量不大。在未采用三维网壳锚喷支护前,由现场的位移监测可知巷道两帮变形严重,严重时一个月的两帮移近量达 300 mm,底鼓变形量达到 200 mm,顶板也产生了严重的下沉。由三维网壳锚喷结构的数值模拟结果可知:该支护结构能有效控制巷道变形,使巷道围岩处于一个相对稳定的状态。

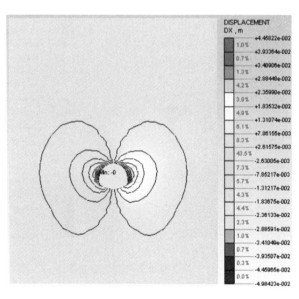

图 6-2　巷道围岩水平位移分布图

　　由图 6-4 所示巷道围岩水平应力分布图可知:当巷道围岩稳定后,顶板出现了较明显的应力集中区,最大的水平应力为 22.5 MPa。由图 6-5 所示巷道围岩竖向应力分布图可知:

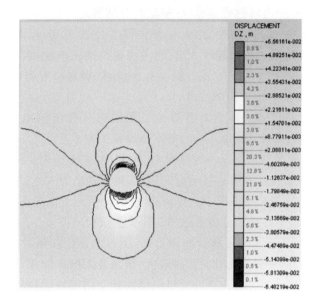

图 6-3　巷道围岩竖向位移分布图

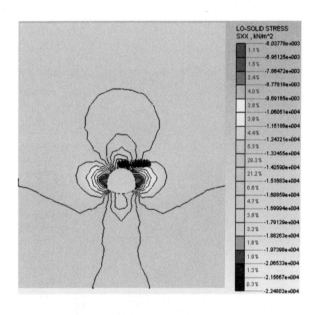

图 6-4　巷道围岩水平应力分布图

巷道两帮出现的应力较大,约为 24.2 MPa;顶、底板都没有出现拉应力区域,说明围岩受力状态良好。

　　图 6-6 和图 6-7 为巷道围岩的应变分布图,水平应变主要发生在巷道的两帮,最大值为 $2.032\ 85\times10^{-2}$,分布范围较小,竖向应变主要发生在巷道的顶板,分布范围较小。

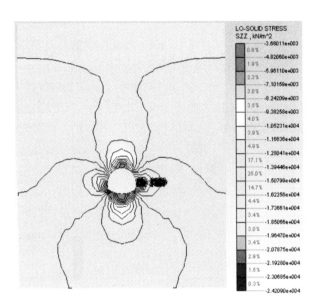

图 6-5　巷道围岩竖向应力分布图

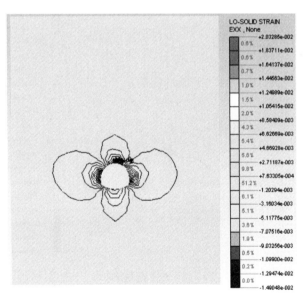

图 6-6　巷道围岩水平应变分布图

由图 6-8 可知:巷道顶板锚杆受力明显大于巷道两帮锚杆,其中,锚杆轴力极值出现在巷道顶板处锚杆中,为 149 kN,两帮中部锚杆轴力最小,极值为 45.7 kN。在施加三维网壳锚喷结构后,提供巷道表面强大支护反力,巷道浅部围岩塑性区范围明显减小,而且巷道浅部围岩离层变形情况得到明显改善,锚杆轴力才得以降低。

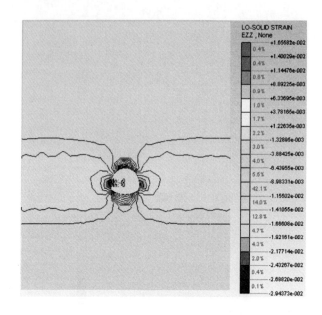

图 6-7　巷道围岩竖向应变分布图

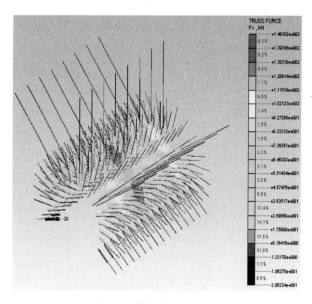

图 6-8　锚杆受力分布图

　　图 6-9 和图 6-10 是网壳锚喷结构 x 轴方向和 y 轴方向应力分布图,可知该结构的应力分布在 3~10 MPa 之间,最大值为 9.88 MPa,支护结构两帮和顶、底板大部分区域应力都不大,只是在顶、底板局部范围内稍大,但分布范围较小。

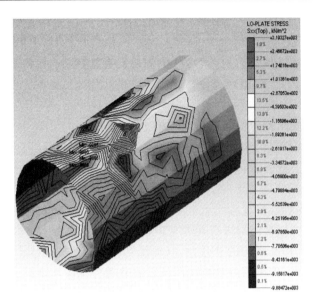

图 6-9　网壳锚喷结构 x 轴方向应力图

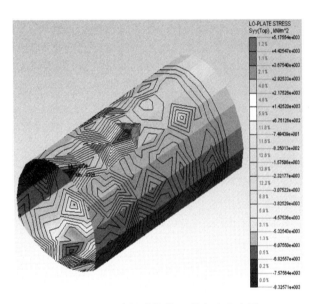

图 6-10　网壳锚喷结构 y 轴方向应力图

6.4　本章结论

对三维网壳锚喷结构支护段巷道进行数值分析,计算中选用的模型参数都与潘三矿试验段巷道实际情况相符合,通过分析数值模拟计算结果,得出以下几点结论:

(1)当巷道围岩和支护结构达到应力平衡后,围岩最大位移发生在巷道顶板,为 64.8 mm,说明巷道顶板是支护的薄弱部位,但整体位移不大,围岩处于一个相对稳定的状态；应力最大值为 24.2 MPa，应力集中区分布范围很小，拉应力区没有出现，这说明巷道围岩具有良好的受力状态。

（2）三维网壳锚喷结构受力均匀合理，结构两帮和顶、底板大部分区域应力都不大，仅在局部较小范围内应力稍大，达到了 10 MPa 左右，这说明三维网壳锚喷结构设计较为合理，安全可靠性高。

（3）三维网壳锚喷结构对控制巷道失稳有较为明显的作用，因为对巷道围岩进行加固后，降低了巷道围岩局部应力集中程度，并且提高了顶、底板和两帮围岩的强度，防止因巷道破裂围岩体积的膨胀、巷道围岩黏滞性流动、巷道围岩塑性变形等造成的巷道失稳现象出现，并且在巷道顶、底板及两帮形成了具有一定承载能力的承载拱来控制巷道围岩塑性区的发展。

（4）利用三维网壳锚喷结构进行巷道支护，可以很好地改善围岩的应力分布，最大程度减少围岩位移量，从而提高结构的承载力，以确保支护结构的长期稳定性。该支护方式是一种很好的主动支护形式，能够很好地解决深部软岩巷道失稳破坏难题。

7　三维网壳锚喷结构设计与工程应用评价

由理论分析、室内试验和数值计算结果可知:三维网壳锚喷支护结构承载力高,能减缓围岩蠕变破坏,与围岩相互作用良好,发挥了围岩的自承能力,从而提高围岩的整体稳定性;全封闭的结构形式可以消除巷道局部弱支护产生的不利影响,保证巷道长久稳定,所以决定采用全封闭型三维网壳锚喷结构对潘三矿破坏段巷道进行治理。由于三维网壳支架是支护结构的重要组成部分,具体设计时,根据巷道的具体地质条件和断面尺寸来调整网壳支架的结构形式。在支护结构施工完成后,通过现场的监控量测对支护结构的支护效果进行评价。

7.1　工程概述

7.1.1　工程概况

淮南矿业集团潘三矿是年产量 400 万 t 以上的矿井,西二石门四联-五联是该矿的主要运输大巷,承担着矿井东部主要的运输任务。该段巷道围岩裂隙发育,地压大、变形强烈,导致巷道严重破坏,进行了多次返修,但是仍达不到预期效果,而且多次返修导致围岩松动圈越来越大。该试验段巷道与附近工作面的关系如图 7-1 所示。

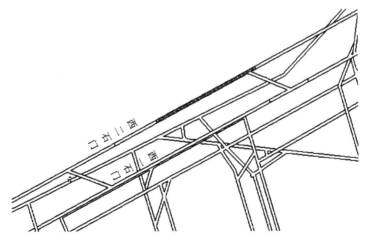

图 7-1　试验段巷道位置

该段巷道采用 U29 型钢支护,由于多次返修,造成该段巷道松动圈很大,U 形棚破坏严重,巷道前修后坏,不得不经常修复。由于修复技术措施不到位,巷道变形一直难以控制,导致矿井投入大量的人力、物力,严重制约后续工作面的安全高效生产,给矿井安全生产带来极大隐患。巷道 U 形棚破坏图如图 7-2 所示。

(a)

(b)

图 7-2　支护结构破坏图

鉴于该段巷道为该矿的主要运输大巷,且巷道服务年限长,因而支护结构应有一定的安全系数,保证支护可靠。根据潘三矿工程地质条件和工程使用要求,决定采用全封闭三维网壳锚喷支护结构进行治理。

7.1.2　支护方案确定

根据潘三矿西二石门四联-五联破坏巷道段的地压特点和具体地质条件,设计出符合巷道断面形状的全封闭三维网壳锚喷结构,支护结构如图 7-3 所示。

由图 7-3 可以看出:喷层骨架三维网壳支架是由 7 片钢筋支架组合而成的,由 1 片顶三维网壳支架、4 片侧三维网壳支架和 2 片底三维网壳支架拼装而成的。三维网架宽度为 5 300 mm,每片三维网壳支架的钢筋型号为:主弧筋(3 根 $\phi 22$ mm)、次弧筋(6 根 $\phi 200$ mm)、桥架钢筋(若干根 $\phi 12$ mm)及连接筋(若干根 $\phi 12$ mm),这些钢筋都是焊接而成的,每片支架两端要焊接带螺栓孔的连接板,在每片支架连接的时候,连接处要加入一个 50 mm 厚可缩性垫板。根据上述模型试验研究,决定喷射 C20 混凝土,配合比 $m_{砂子}$:

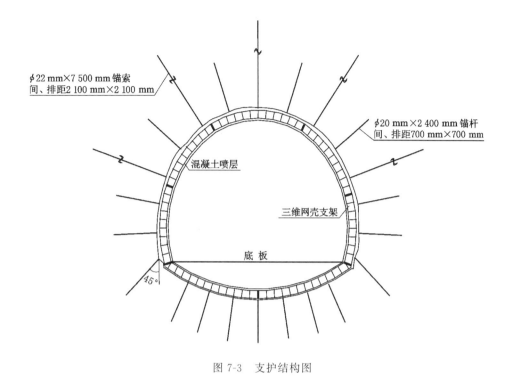

图 7-3　支护结构图

$m_{水泥}:m_{石子}:m_{水}=2:1:2:0.45$。

7.2　三维网壳支架设计

7.2.1　支架结构形式

矿井深部软岩巷道断面形状经常用到的有直墙圆弧拱形、斜墙圆弧拱形、曲墙圆弧拱形（三心拱）。

实际工程中,当巷道围岩属于Ⅳ类或Ⅴ类围岩时,如果巷道来压均匀,底鼓现象不是很明显时,通常把巷道设计成直墙圆弧拱形。如果围岩条件和上述相同,但是有比较大的侧压时,要把巷道断面设计成斜墙圆弧拱形。如果巷道围岩是Ⅴ类围岩,有非常强烈的各向来压,则把巷道断面设计成曲墙圆弧拱形。

巷道支护结构应根据巷道断面形状进行选取,直墙圆弧拱形三维网壳锚喷结构设计较简单,那么下面重点描述曲墙圆弧拱形及斜墙圆弧拱形支护结构的设计。

斜墙圆弧拱形断面如图 7-4 所示。

净底跨:
$$B=b+\frac{2h_1}{\tan\alpha}\tag{7-1}$$

净拱高:
$$h_2=\frac{b}{2}\tan\frac{\alpha}{2}\tag{7-2}$$

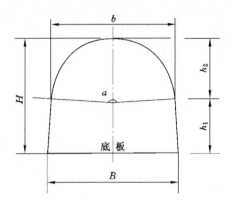

图 7-4　斜墙圆弧拱形

净半径：

$$R = \frac{b}{2\sin\alpha} \tag{7-3}$$

净面积：

$$S = \frac{1}{2}(b+B)h_1 + \frac{\alpha\pi R^2}{180} - \frac{b}{2}(R-h_2) \tag{7-4}$$

曲墙圆弧拱形如图 7-5 所示。

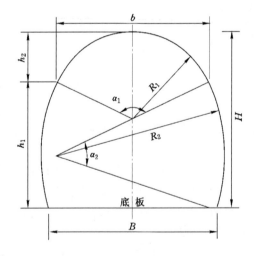

图 7-5　曲墙圆弧拱形

净拱高：

$$h_2 = H - h_1 \tag{7-5}$$

顶弧半径：

$$R_1 = 0.5h_2 + 0.125\frac{b^2}{h_2} \tag{7-6}$$

顶弧圆心角：

$$\alpha_1 = 2\arcsin\frac{b}{2R_1} \tag{7-7}$$

侧弧半径：

$$R_1 = \frac{0.25(B-b)^2 + h_1^2}{2h_1\cos(0.5\alpha_1) - (B-b)\sin(0.5\alpha_1)} \tag{7-8}$$

侧弧圆心角：

$$\alpha_2 = 180° - \frac{1}{2}(\alpha_1 + \alpha_3) \tag{7-9}$$

底板顶角：

$$\alpha_3 = 2\arccos(\frac{h_1}{R_2} - \cos\frac{\alpha_1}{2}) \tag{7-10}$$

净面积：

$$A = \pi R_1^2\frac{\alpha_1}{360} + \pi R_2^2\frac{\alpha_2}{180} + 0.5B^2\cot\frac{\alpha_3}{2} - \frac{(R_2 - R_1)^2}{\cot(0.5\alpha_1) + \cot\alpha_2} \tag{7-11}$$

7.2.2 结构形式选择

由上述试验和数值计算结果可知：三维网壳支架是三维网壳锚喷结构的重要组成部分，该网壳支架能够替代由 U 型钢拱架、钢筋网及拱架间的联系杆组成的支护体系，能够对巷道围岩进行让压支护，又是很好的混凝土喷层的骨架，能够降低喷层混凝土受到的弯曲应力，提高混凝土喷层结构的承载能力，避免喷层结构受到强大地压时破坏。为了能够使所设计的三维网壳支架具有上述两个方面的支护性能，在具体工程设计时要考虑所支护巷道的具体地质条件和巷道的断面尺寸，然后进行三维网壳支架的设计。

三维网壳支架结构形式应满足下列要求：

（1）三维网壳支架是一个整体三维支撑架，自身的空间稳定性良好，具有较高的承载力和一定的柔性让压能力，既对松软破碎围岩提供强有力的支撑，又可使围岩释放一部分变形能而不丧失稳定性。

（2）三维网壳支架的设计厚度应与喷层厚度相适应，这样能将混凝土包围在三维网壳支架内钢筋组成的小网格状结构内，能够充分发挥混凝土的材料性能，从而使混凝土的承载能力得到大幅度提高。

（3）三维网壳支架的制作方式相对简单，有利于工矿企业自主加工制作。

（4）三维网壳支架的钢材用量少，成本能得到降低。

（5）三维网壳支架的组装方法简单，便于井下操作，可简化人工安装工序，提高支架安装工效。

根据巷道断面形状和加工要求，确定整架三维网壳支架结构形式为曲墙圆弧拱形，再加上底板三维网壳支架，构成全封闭型。整架支架组装图如图 7-6 所示。单片支架加工尺寸如图 7-7 和图 7-8 所示。

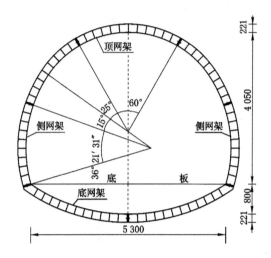

图 7-6 三维网壳支架组装图(单位:mm)

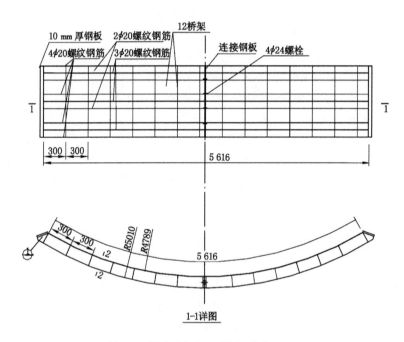

图 7-7 网壳支架加工详图(单位:mm)

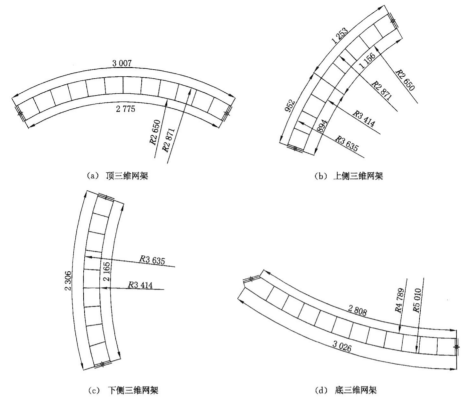

(a) 顶三维网架

(b) 上侧三维网架

(c) 下侧三维网架

(d) 底三维网架

图 7-8 单片网壳支架加工图(单位:mm)

7.3 三维网壳支架加工要求与加工胎具

7.3.1 加工要求与规范

三维网壳支架作为三维网壳锚喷结构的骨架,是一种全新钢筋支架结构形式,那么在其制作时没有可以参考的国家规范。但是为了能够保证三维网壳支架的制作质量和验收标准,通过参考相应技术规范,并结合潘三矿巷道支护所选用的支架类型,制定三维网壳支架加工技术要求与技术规范。

7.3.1.1 引用的标准及相关要求

(1)引用的标准

①《钢结构设计规范》(GB 50017—2017);

②《钢结构工程施工及验收规范》(GB 50205—2020);

③《钢筋焊接及验收规范》(JBJ 18—2012);

④《混凝土结构设计规范》(GB 50010—2010);

⑤《煤矿井巷工程质量检验评定标准》(MT 5009—94)。

(2) 相关要求

① 三维网壳支架中选用的钢筋尺寸、型号等要按照《钢筋混凝土工程施工及验收规范》(GBJ 204—83)的相关规定;钢筋焊接焊条要按照(GB/TS 117—95E4303)的相关规定。

② 三维网壳支架中用到的 $\phi 22$ mm、$\phi 20$ mm 主筋选用螺纹钢筋,$\phi 12$ mm 上弦杆、$\phi 12$ mm 桥形架选用 A 级 Q235 热扎光圆钢筋。

③ 选用的所有钢筋外观不能有裂纹、起皮、扭曲等缺陷。

7.3.1.2 三维网壳支架加工技术要求

(1) 三维网壳应按规定批准的图样制作。

(2) 尺寸公差:

① 每种型号三维网壳加工完成后应在地面抽样组装,允许误差为设计尺寸的±1%。

② 钢筋下料后,每段钢筋的长度与设计尺寸误差不得大于 2 mm。

③ 桥形架成型后,其尺寸与图样设计的误差不得大于 2 mm。

④ 为保证端部连接强度,钢筋与端部钢板连接的筋板厚度为 10 mm,形状为直角三角形,两条直角边分别为 40 mm 和 60 mm。长 40 mm 的直角边连接到钢板上,长 60 mm 的直角边焊接于相应的钢筋上。

(3) 形位公差:单片三维网壳支架加工完成后应具有光滑的弧线,其轴线最大偏移量不大于 3 mm,其平整度不大于 5 mm。

(4) 焊接

① 三维网壳支架中钢筋的焊接要按照《钢筋焊接机验收规程》(JGJ 18—2012)的相关规定。

② 三维网壳钢筋的连接、钢筋与钢板的连接用交流电弧焊接,采用 J422 焊条,确保焊缝与钢筋熔合良好。

③ 焊接前必须清除钢筋焊接部位的铁锈、油污、泥沙等污物。钢筋两端的扭曲、弯折应校直或切除。

④ 焊接过程中应及时清除焊渣,焊缝表面光滑平整,不得有超过 2 mm 的凹陷或焊瘤等缺陷。

⑤ 除圆周焊外,其余焊缝都应进行四面焊。焊缝不得有虚焊、气孔、夹渣等缺陷,保证焊缝的强度。

⑥ 桥形架与主筋应双面焊接,焊缝厚度不小于 6 mm。桥形架与上弦杆弧筋($\phi 12$ mm)的搭接焊缝长度不小于 30 mm,厚度不小于 5 mm,并采用双面焊接。短钢筋可接长使用,但同根钢筋只能搭接 1 次,同片三维网壳搭接不能超过 2 处。

⑦ 搭接钢筋应与被搭接钢筋材质相同、直径相等,其长度不得小于被搭接钢筋直径的 10 倍,其焊缝高度为 5 mm。

⑧ 与被搭接钢筋双面实焊,确保焊缝强度。

7.3.1.3 支架产品验收

（1）尺寸和形位公差检验

① 按照制作图纸的尺寸要求用钢卷尺或专用量具检查三维网壳支架的相关尺寸。

② 按照图纸检查各钢筋和筋板的焊接位置。检查三维网壳支架各钢筋的形位误差。

③ 同一型号的顶、侧三维网壳按照8％进行随机抽样组装，检查三维网壳支架的整体尺寸和互换性。

（2）焊缝检查

① 焊缝检查利用小尖锤等工具目测进行。焊缝检查应按照设计图纸逐项检查。

② 三维网壳支架若存在不符合图纸要求的缺陷时，允许进行返工；若返工后质量仍不符合要求的，应报废处理。

7.3.2 加工胎具

三维网壳支架加工制作时没有对照模板，也没有专用模具进行加工，所以设计出了三维网壳支架专用加工模具，如图7-9所示。加工成型构件及其组装如图7-10和图7-11所示。该模具用螺栓连接固定在一个大型钢板上，每个模具都能自由调节尺寸大小，这样就能加工得到不同尺寸的三维网壳支架，从而有利于该三维网壳锚喷结构的推广应用。

(a)

(b)

图 7-9　加工模具

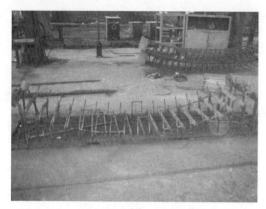

(a)

(b)

图 7-10　网壳支架构件图

(a)

图 7-11　构件组装图

(b)

图 7-11(续)

7.4 现场施工

　　三维网壳锚喷支护是一种新技术、新工艺,支护质量要求较高,三维网壳支架与混凝土是主要的承载结构,对三维网壳支架的几何稳定性要求较高,即在浇筑混凝土之前顶、帮、底三维网壳构件不能出现严重弯曲变形,且整架外形保持稳定。因此,为了保证达到设计施工要求,三维网壳支架一定要按照施工要求和施工工艺进行施工。

7.4.1 施工要求

　　(1)巷道返修后断面形状为三心拱形。在三维网壳支架安装前,巷道断面的各个尺寸都应不小于设计尺寸,这样才能保证三维网壳支架的顺利架设。

　　(2)整架三维网壳支架由 1 片顶三维网壳支架、4 片侧三维网壳支架和 2 片底三维网壳支架组成。按照设计尺寸进行井下架设,支架结构架设时保证不扭曲,架设成功后平整度偏差应在 10 mm 之内。

　　(3)三维网壳支架片与片之间用 4 个螺栓连接,螺栓必须全部上紧以确保三维网壳支架的连接强度。架与架之间连接紧密,不能出现空隙。

　　(4)三维网壳支架的外框架与围岩表面保持良好接触,不能出现架空现象。架设完成后马上充填,以保证充填质量,如果支架与围岩表面的空隙在 300 mm 以内,用混凝土直接喷实;若空隙过大,用矸石、木楔等充填。

　　(5)为了提高三维网壳支架的整体强度,在每架支架的下部每侧向下 45°各打 1 根锚杆,在支架拱肩部位每侧的上方和下方各打 1 根锚杆。这些锚杆的长度为 2.4 m,采用端部锚固锚杆,锚固力不小于 60 kN。

　　(6)三维网壳支架安设好 2～3 架后,应对其断面尺寸进行检查,验证是否满足设计要求,如果有异常则进行调整,检查没有问题才能喷射混凝土。根据设计要求,喷射的混凝土应完全覆盖支架钢筋,保护层厚度为 10～20 mm,喷射混凝土强度等级为 C20;底板支架直接进行混凝土喷射,强度等级为 C20。

7.4.2 施工过程

三维网壳支架采用自行设计的液压操作台进行架设。先施工固定三维网壳支架的锚杆。锚杆距围岩表面一定距离,能确保三维网壳支架的固定,锚杆与三维网壳支架的主筋紧密固定。先将顶部的三维网壳支架固定在顶部锚杆上,再用连接钢板将帮部三维网壳支架与顶部支架紧密连接好后固定在帮部锚杆上,最后采用同样的方法安放底部三维网壳支架。每架三维网壳支架用 14# 铁丝按 300 mm 间距绑扎形成整体,每架三维网壳支架外表面与巷道围岩良好接触,如果有过大间隙,可以充填一些混凝土预制块或矸石。三维网壳支架架设一段距离后要施工混凝土喷层,根据巷道围岩变形量来控制混凝土喷层的施工滞后时间。根据该段巷道地压和围岩变形观测,在三维网壳支架架设 25 m 之后即可施工混凝土喷层,混凝土的强度等级为 C20,加上临时支护的混凝土喷层,总厚度达 150 mm。

(a)

(b)

图 7-12　三维网壳支架架设图

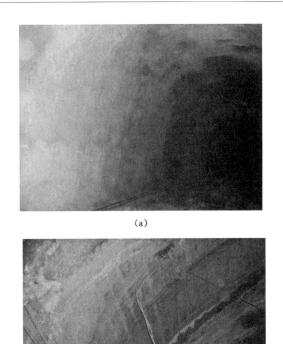

(a)

(b)

图 7-13　施工后效果图

7.5　现场监测与评价

7.5.1　监测设计原理

鉴于地下工程的受力特点及其复杂性,自 20 世纪 50 年代以来,国际上就开始通过对地下工程的量测来监视围岩和支护的稳定性,并逐渐应用现场量测结果来校正和修改设计。近年来,现场量测与力学计算紧密配合,已形成了一整套监控设计(或称为信息设计)的原理与方法。这种方法因为能适应地下工程的特点,能结合现场量测技术、计算机技术以及岩土力学理论,因此在铁路隧道、公路隧道和军事地下工程等工程领域广泛应用。

监控设计原理主要是通过现场测试获得关于稳定性和支护系统工作状态的数据,然后根据量测数据,通过力学计算以确定支护系统的设计和施工方案。该过程称为监控设计或信息化设计,此外还包括施工监视。监控设计通常包括两个阶段:初始设计阶段和修正设计阶段。初始设计一般应用工程类比法或理论计算法进行。修正设计则根据现场量测所得数据进行分析或力学计算而得到最终设计参数与施工方案。

监控设计内容包括现场量测、量测数据处理及量测数据反馈三个方面。现场量测包括选择量测项目、量测手段、量测方法及测点布置等内容。数据处理包括处理目的、处理项目、处理方法及测试数据的表达形式。量测数据反馈一般有定性反馈(或称为经验反馈)和定量反馈(或称为理论反馈)。定性反馈是根据人们的经验和理论上的推理所获得的一些准则,通过量测数据分析反馈给设计与施工;定量反馈是指以测试所得数据作为计算参数,通过力学计算进行反馈。定量反馈也有两种方式:一种是直接以测试数据作为计算参数进行反馈计算,另一种是根据测试数据反推一般计算方法中的计算参数,然后再按一般计算方法进行反馈计算,即反分系法。

7.5.2 监测目的

现场量测和监视是监控设计中的主要环节,也是目前国际上流行的新奥地利施工法中的重要内容。归结起来,量测的目的是掌握围岩稳定状态、支护受力、变形的动态或信息,并以此判断设计、施工的安全与经济性[149-150]。具体来讲包括以下几点:

(1) 提供监控设计的依据和信息。

地下工程施工时,必须事前查明工程所在地岩体的产状、性状以及物理力学性质,为工程设计提供必要的依据和信息,这就是工程勘察的目的。但是地下工程是埋入地层中的结构物,而地层岩体的变化千差万别,因此仅靠事先调查和有限的钻孔来预测其动向,通常不能充分反映岩体的产状和性状。此外,目前工程勘察中分析岩体力学性质的常规方法是用岩样进行室内物理力学试验。众所周知,岩块的力学指标与岩体的力学指标有很大不同,因此,必须结合工程进行现场岩体力学性能的测试,或者通过围岩与支护的位移与应力的量测反推岩体的力学参数,为工程设计提供可靠依据。当然,现场的变位与应力的量测不仅能提供岩体力学参数,还能提供地应力大小、围岩的稳定状态与支护的安全度状态信息,为监控设计提供合理依据和计算参数。

(2) 指导施工和预报险情。

在国内外地下工程中,利用施工期间的现场测试,预报施工的安全程度,是早已采用的一种方法。对那些地质条件复杂的地层,如塑性流变岩体、膨胀性岩体、明显偏压地层等,由于不能采用以经验作为设计基准的惯用设计方法,所以施工期间必须通过现场测试和监视,以确保施工安全。此外在拟建工程附近有已建工程时,为了弄清楚并控制对施工的影响,有必要在施工期间对地表及附近已建工程进行测试,以确保已建工程安全。

近年来,随着新奥地利施工法的推广,在软弱岩体中现场测试更是工程施工中一个不可缺少的内容。除了预报险情外,还是指导施工作业和控制施工进程的必要手段。例如应根据量测结果来确定二次支护的时间,仰拱的施作与否及其支护时间,地下工程开挖方案等。这些施工作业原则上都应根据现场量测信息加以确定和调整。

(3) 作为工程运营时的监视手段。

通过一些耐久的现场测试设备,可对已运营的工程进行安全监视,可对接近危险值的区段或整个工程及时进行补强、改建,或采取其他措施,以保证工程安全运营,这是一个在更大范围内受到重视和被采用的现场测试内容。

(4) 用作理论研究和校核理论,并为工程类比提供依据。

以前地下工程的设计完全凭借经验,但是随着理论分析手段的迅速发展,其分析结果越来越被人们重视,因而对地下工程理论问题的物理方面——模型及参数,也提出了更高的要求,理论研究结果必须经实测数据检验。因此系统地组织现场测试,研究岩体和结构的力学形态,对于评判支护衬砌的稳定性和发展地下工程具有重要意义。

7.5.3　监测内容

潘三矿试验段巷道地质条件复杂、岩体裂隙发育、地压大、变形强烈,部分巷道严重变形甚至失稳。为了弄清三维网壳锚喷支护效果,进行了围岩收敛量测、围岩压力量测、混凝土应力和三维网壳支架钢筋应变量测,来分析该支护结构的力学性能,为今后在同等条件下的巷道支护工程中使用三维网壳锚喷支护结构提供可靠的依据。

(1)围岩收敛量测

巷道围岩收敛量测是指量测围岩和支护结构表面任意两点之间的距离变化。量测位置选在巷道的两帮和顶底,由此反映巷道两帮及顶底之间移近情况,正确反映巷道周边收敛的变化及规律。量测仪器采用GY-85型坑道收敛计,精度达0.01 mm,具体布置如图7-14所示。

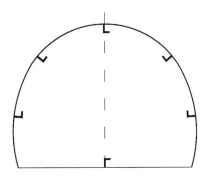

图 7-14　收敛点布置图

(2)围岩的压力量测

围岩的压力量测是量测围岩作用于支护结构上的压力。围岩的压力用双膜压力盒与钢弦频率测定仪配套量测。在拱顶、拱肩和墙腰处对称地埋上应变计,如图7-15所示。

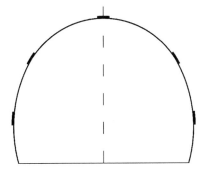

图 7-15　围岩压力、混凝土应力测点布置图

（3）三维网壳支架应变测量

根据对三维网壳支架典型部位的主筋、构造筋等的应变测量结果，来判断支护结构的受力状况，为支护结构的强度计算和稳定性验算提供有用数据。采用 BGK-4911-210 钢筋计进行测量，具体布置如图 7-16 所示。

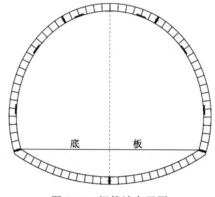

图 7-16　钢筋计布置图

7.5.4　监测结果分析与评价

经过对试验段巷道 4 个多月的现场监控量测，获得了大量监测数据，为评价三维网壳锚喷支护结构对巷道围岩稳定性的影响提供了数据。

（1）巷道围岩收敛

监控量测断面巷道表面位移，测试数据见表 7-1。巷道位移收敛量、收敛速率随时间的变化如图 7-17 和图 7-18 所示。

表 7-1　试验巷道位移量测数据

时间/d	两帮收敛量/mm	两帮收敛速率/(mm/d)	拱顶收敛量/mm	拱顶收敛速率/(mm/d)
0	0	0	0	0
2	0.65	0.343	0.67	0.291
4	2.12	0.721	1.79	0.612
7	4.98	0.965	4.32	0.791
10	9.65	1.540	7.98	1.112
13	12.24	1.011	10.15	0.867
17	15.33	0.657	11.87	0.575
21	16.45	0.385	12.97	0.256
26	17.39	0.187	13.85	0.176
31	17.68	0.142	14.42	0.145
36	18.54	0.083	14.59	0.054
42	20.65	0.060	14.89	0.037
50	22.84	0.020	15.12	0.019
60	23.97	0.012	15.45	0.011

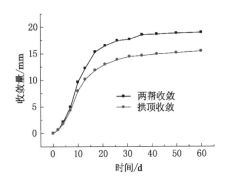

图 7-17 收敛量随时间变化曲线

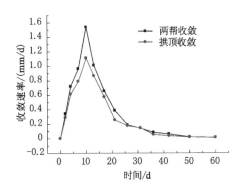

图 7-18 收敛速率随时间变化曲线

从围岩收敛变形量来看,围岩表面收敛变形量不大,两帮和顶板的围岩变形量相差也不大,说明在目前的支护形式和支护参数下,控制了围岩变形,围岩整体协调外移,实现了巷道的稳定控制。在三维网壳锚喷结构支护段,前 10 天围岩变形速率稍大,收敛速率相对后期较高,但是其最大值不超过 1.5 mm/d。之后收敛速率很快下降,第 43 天时,收敛速率为 0.05 mm/d 左右。因此可以推断三维网壳锚喷结构有利于围岩稳定。

(2)围岩压力

监控量测断面围岩压力的测试数据见表 7-2、表 7-3。围岩压力随时间变化曲线如图 7-19 和图 7-20 所示。

表 7-2 普通支护断面围岩压力数据

时间/d	测点压力/MPa				
	左拱肩	左墙腰	拱顶	右墙腰	右拱肩
1	0.197 5	1.223 1	0.895	0.667 7	0.106 7
2	0.487 6	1.843 5	0.978 4	0.842 5	0.290 2
3	0.573 2	1.875 6	1.104 0	0.864 5	0.352 5

表 7-2（续）

时间/d	测点压力/MPa				
	左拱肩	左墙腰	拱顶	右墙腰	右拱肩
4	0.878 4	1.880 9	1.078 6	0.934 2	0.472 9
5	1.264 2	1.918 1	1.088 9	0.964 4	0.582 2
6	1.463 8	1.694 5	1.156 7	1.209 4	0.715 2
7	1.989 7	1.790 6	0.953 8	1.176 0	0.805 5
9	1.922 0	1.856 2	1.309 3	1.411 2	1.276 8
11	2.151 8	1.897 2	1.649 5	1.588 7	1.349 1
13	2.278 2	2.231 9	1.556 3	1.651 5	1.401 2
15	2.211 2	2.243 8	1.169 2	1.599 7	1.213 4
17	2.146 7	2.087 2	1.489 7	1.477 6	0.866 2
19	2.268 4	2.143 5	1.268 3	1.821 1	1.254 7
21	1.942 1	2.256 1	1.436 2	1.501 1	1.112 2
24	2.198 0	2.154 5	1.423 4	1.454 4	1.148 8
28	2.456 8	1.767 4	1.311 1	1.565 5	1.187 0
32	2.354 1	1.736 7	1.242 5	1.161 8	1.276 7
45	2.553 3	1.712 3	0.647 8	0.987 8	1.211 7
60	2.816 6	1.564 9	1.134 8	0.879 6	1.354 0

表 7-3　网壳锚喷结构围岩压力数据

时间/d	测点压力/MPa				
	左拱肩	左墙腰	拱顶	右墙腰	右拱肩
1	0.188 2	0.454 6	0.413 3	0.180 0	0.527 1
2	0.211 8	0.456 6	0.415 5	0.201 6	0.532 2
3	0.219 8	0.456 7	0.446 3	0.287 6	0.553 3
4	0.219 8	0.478 8	0.461 1	0.367 5	0.573 6
5	0.225 6	0.534 4	0.445 6	0.337 8	0.577 8
6	0.275 6	0.568 8	0.448 7	0.377 8	0.592 3
7	0.365 7	0.589 8	0.461 7	0.396 1	0.597 8
9	0.478 6	0.643 3	0.478 7	0.419 6	0.646 6
11	0.555 1	0.679 2	0.490 1	0.435 5	0.617 6
13	0.654 5	0.723 3	0.512 1	0.434 3	0.628 0
15	0.712 7	0.804 4	0.511 6	0.447 7	0.600 3
17	0.787 9	0.883 3	0.490 5	0.476 8	0.613 3
19	0.821 1	0.856 4	0.501 0	0.462 2	0.612 6
21	0.872 2	0.865 5	0.484 7	0.455 4	0.626 7

表 7-3(续)

时间/d	测点压力/MPa				
	左拱肩	左墙腰	拱顶	右墙腰	右拱肩
24	0.942 1	0.885 6	0.474 4	0.472 4	0.686 6
28	0.927 7	0.887 5	0.486 7	0.455 6	0.620 1
32	0.920 8	0.854 4	0.494 2	0.442 3	0.611 6
45	0.901 2	0.852 3	0.437 8	0.390 3	0.596 5
60	0.885 4	0.831 2	0.460 0	0.432 9	0.593 4

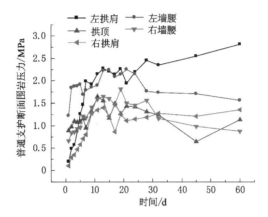

图 7-19　普通支护断面围岩压力随时间变化曲线

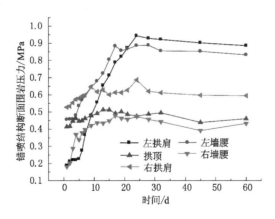

图 7-20　网壳锚喷结构围岩压力随时间变化曲线

围岩压力量测结果表明:普通支护段围岩压力较大,分布不均匀,与其相比,三维网壳锚喷结构支护段围岩压力均较小且分布均匀。这是因为巷道修复后,随着时间推移,因支护结构具有较好的变形能力,三维网壳支架与围岩一起变形,释放部分围岩压力,围岩自承载能力有所提高,所以与普通支护方式相比,作用在三维网壳锚喷结构上的围岩压力有所减小,且分布均匀。

（3）混凝土应力

监控量测断面混凝土应力，量测数据见表 7-4。混凝土应力随时间变化曲线如图 7-21 所示。

表 7-4　网壳锚喷结构混凝土应力数据

时间/d	测点应力/MPa				
	左拱肩	左墙腰	拱 顶	右拱肩	右墙腰
1	0.000 0	0.000 0	0.000 0	0.000 0	0.000 0
2	0.008 5	−0.052 0	0.018 7	−0.036 5	−0.007 8
3	−0.012 5	−0.075 3	0.006 9	−0.018 7	−0.052 4
4	−0.021 6	−0.129 8	0.022 3	−0.086 3	−0.064 9
5	−0.022 5	−0.136 2	−0.024 6	−0.086 7	−0.084 5
6	−0.029 5	−0.149 0	−0.027 2	−0.076 8	−0.087 8
7	−0.029 8	−0.184 3	−0.031 3	−0.078 2	−0.089 5
10	−0.059 8	−0.225 2	−0.109 5	−0.098 9	−0.110 6
12	−0.077 8	−0.238 8	−0.160 6	−0.132 2	−0.144 2
14	−0.114 5	−0.242 3	−0.195 4	−0.142 5	−0.175 0
16	−0.126 8	−0.262 3	−0.201 2	−0.216 4	−0.163 3
18	−0.200 5	−0.343 4	−0.236 7	−0.278 7	−0.220 6
20	−0.300 3	−0.399 8	−0.275 5	−0.334 0	−0.231 2
22	−0.330 5	−0.424 0	−0.330 5	−0.431 9	−0.235 5
26	−0.421 2	−0.520 4	−0.441 9	−0.454 0	−0.373 8
30	−0.467 6	−0.535 4	−0.467 6	−0.554 0	−0.476 8

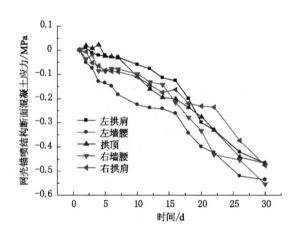

图 7-21　网壳锚喷结构断面混凝土应力随时间变化曲线

由混凝土应力量测结果和绘制的应力曲线可知：喷层混凝土的应力随时间增加逐渐减

小,这是因为巷道围岩变形后围岩自身承受了一部分荷载,使得支护结构所承受的围岩压力降低。与普通混凝土衬砌支护结构相比,三维网壳锚喷结构喷层混凝土中各测点应力较小,且分布较均匀,这说明三维网壳锚喷支护结构能充分发挥混凝土的力学性能,避免喷层混凝土结构过早破坏而影响支护结构的整体稳定性。

（4）三维网壳支架钢筋应变

试验监控量测断面三维网壳支架钢筋应变数据见表 7-5。三维网壳支架钢筋应变随时间变化曲线如图 7-22 和图 7-23 所示。

表 7-5　三维网壳支架钢筋应变数据

时间/d	测点应变 $\varepsilon / \times 10^{-3}$					
	1	2	3	4	5	6
0	0	0	0	0	0	0
2	−31	−50	−73	−51	−82	−76
4	−78	−119	−133	−83	−131	−135
7	−139	−181	−184	−124	−193	−184
10	−279	−354	−362	−281	−352	−329
13	−423	−491	−502	−432	−512	−472
17	−462	−582	−592	−482	−572	−569
21	−523	−687	−697	−545	−667	−653
26	−565	−745	−712	−612	−723	−743
31	−653	−845	−772	−673	−764	−763
36	−734	−865	−856	−788	−817	−843
42	−793	−893	−867	−813	−865	−878
50	−834	−912	−894	−856	−889	−867
60	−856	−923	−934	−895	−956	−967

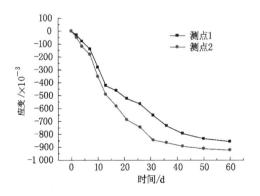

图 7-22　顶网壳钢筋应变随时间变化曲线

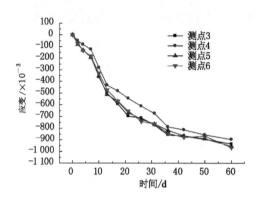

图 7-23　侧网壳钢筋应变随时间变化曲线

利用支架钢筋量测应变值,根据胡克定律换算成钢筋应力,可知支护结构中钢筋应力均在容许范围内。而图 7-22 和图 7-23 反映了支架钢筋受地压作用后的变形情况,大约在三维网壳锚喷支护结构安装后 11 天左右变形较大,之后变形趋于平稳,三维网壳支架与围岩相互作用趋于稳定。

通过对潘三矿试验巷道的围岩收敛、围岩压力、混凝土应力和钢筋应变的监测,采用三维网壳锚喷结构支护,取得以下效果:

(1) 巷道断面成形好,围岩变形量小,支护结构保持完整不损坏。

(2) 与其他联合支护方式相比,施工操作简单,工程进度快,减少了作业量,材料用量少,降低了支护成本。

(3) 巷道一次支护成功,到目前为止没有进行返修,减少了巷道的维修费用。

(4) 巷道支护断面实行全封闭,杜绝了冒顶、底鼓现象,提高了安全性。

7.6　本章结论

三维网壳锚喷支护结构在潘三矿的成功应用,为深部软岩巷道支护开辟了一条新途径,提供了一种结构新颖、性能优良、高支撑力、低成本的支护结构。

(1) 三维网壳锚喷结构变被动支护为主动支护,在具有较大支护阻力的同时具有良好的可缩性,支护结构具有"先柔后刚"的特性,符合软岩支护的基本思想。

(2) 三维网壳锚喷结构突破传统支护结构形式,使结构的力学性能得到大幅度改进,在不降低支护承载能力的情况下降低了支护成本。

(3) 三维网壳支架构件易成批加工制造,加工工艺简单,井下施工方便快捷,可提高安装工效,三维网壳锚喷结构实现了支架轻型化,支护结构立体化、连续化,使支护结构整体稳定性大幅度提高。

(4) 通过对现场的监测分析可知:三维网壳锚喷支护结构与围岩相互作用整体性好,能够延长围岩的自稳时间,有利于充分发挥围岩自身的承载能力。

8　主要结论、创新点及展望

8.1　主要结论

本书以典型深部软岩巷道修复工程为背景,采用理论分析、室内试验、数值分析和现场试验相结合的方法,系统研究了巷道围岩物理力学性能和围岩变形演化规律,研究了深部巷道围岩破坏失稳的关键因素;提出了局部弱支护理论,研制出三维网壳锚喷支护结构,分析该支护结构的支护机理;通过圆柱形壳体力学模型的建立,进行了该支护结构的内力分析;利用大型地下结构试验台,完成高低压作用下三维网壳衬砌结构的模型试验;利用数值分析软件进行了三维网壳锚喷支护段巷道的数值模拟分析;进行了现场工业性试验,对三维网壳锚喷支护段巷道进行了监控量测。主要研究结论如下:

(1)单轴压缩蠕变试验研究结果表明:岩石先产生瞬时轴向变形,进入恒压阶段后岩石产生了蠕变变形,并且表现出两个蠕变阶段:衰减蠕变阶段和等速蠕变阶段。岩石在中低应力作用下时会发生硬化,当超过某一高应力值时岩石内部损伤机制占据主导地位,岩石发生应变软化,最终蠕变破坏。

(2)三轴压缩蠕变试验研究结果表明:由于围压的存在,去除了单轴试验中岩石在低应力作用下的应变硬化过程,岩石的蠕变变形量随着应力水平的提高不断增大,试验过程中岩样不断损伤劣化,表现出软化材料的性质。达到破坏应力时,岩石经过典型蠕变三个阶段后破坏。

(3)通过研究围压对岩石蠕变的影响,得到围压对岩石的蠕变破坏特征具有较大影响。围压增大能够延迟岩石的蠕变破坏时间,围压越大,破坏应变值越高。所以在支护工程中,支护结构有足够的支撑能力,与围岩相互作用良好,巷道开挖后及时进行支护,相当于增大了围压,大幅度延迟围岩蠕变破坏的时间,从而提高了围岩的整体稳定性。

(4)通过研究巷道局部弱支护效应,建立局部弱支护计算理论模型,得到其解析解。计算推导出了巷道在底板 2β 角范围内发生弱支护的情况下所产生的整个巷道围岩应力场和位移场的分布规律,其特点是:在 $-\beta \leqslant \theta \leqslant \beta$ 角度范围内,围岩位移量与全周边均匀支护时相比增大 $(60\% \sim 70\%)q'r/2G$;在 $-(\pi-\beta) > \theta > (\pi-\beta)$ 角度范围内,巷道围岩应力 σ 与全周边支护的情况接近,σ 被削弱,围岩松动有所加剧;在 Ox 轴两侧 $\pi-\beta$ 角度范围内,切向应力 σ 明显增大,由于切向挤压造成围岩位移量有所减少。在 Ox 轴下方,有较大剪应力 τ 出现,该区域最容易出现围岩剪切破坏。

(5)通过研究三维网壳锚喷结构特点和与围岩相互作用机理,得到三维网壳锚喷结构能改善材料的受力性能,自身具有柔性让压性能,而且架间无薄弱部位,能提高支护结构的整体稳定性,与巷道围岩相互作用良好,能发挥围岩的自承能力。

(6)对三维网壳衬砌结构进行内力计算,得到了其计算理论模型,即四边铰支的短柱薄壳结构模型。然后进行公式的推导计算,得到其应力表达式:

$$\begin{cases} \sigma_x = \dfrac{N_x}{h} + \dfrac{6M_x}{h^2} \\[2mm] \sigma_\varphi = \dfrac{N_\varphi}{h} + \dfrac{6M_\varphi}{h^2} \\[2mm] \tau_{x\varphi} = \tau_{\varphi x} = \dfrac{N_{\varphi x}}{h} + \dfrac{6M_{x\varphi}}{h^2} \end{cases}$$

(7)单片结构模型试验研究结果表明:三维网壳支架钢筋受力良好,并且荷载应力水平不高,模型结构出现的径向位移比较小;当施加荷载接近极限值时,三维网壳支架内主弧筋和次弧筋达到屈服,模型结构混凝土达到其抗压强度、抗拉强度,这充分说明该支护结构能充分发挥各种材料的性能。

(8)整架结构的模型试验研究结果表明:该结构的承载能力非常可观,相当于U29型钢支架的极限承载力。模型结构直腿部分是薄弱部位,若支护结构直腿变为曲腿,再加上一个反底拱,构成全封闭三维网壳衬砌结构,承载力得到大幅度提高,而且全封闭的结构形式可以消除因局部弱支护而产生的底鼓、顶帮破坏等现象,保证巷道长久稳定。

(9)数值分析研究结果表明:在巷道围岩和支护结构达到应力平衡状态后,巷道围岩整体位移量不大,围岩处于一个相对稳定的状态;应力集中区分布范围很小,拉应力区没有出现,围岩受力状态良好,支护结构受力均匀合理。三维网壳锚喷结构受力均匀,能够削弱支护巷道围岩的局部应力集中,可以改善围岩的应力分布,围岩位移量减小,支护结构的承载能力得到大幅度提高。

(10)现场工业性试验研究结果表明:三维网壳锚喷结构变被动支护为主动支护,在具有较大支护阻力的同时具有良好的可缩性,支护结构具有"先柔后刚"的特性,符合软岩支护的基本思想。通过对现场的监测分析,三维网壳锚喷结构与围岩相互作用的整体性好,能够延长围岩的自稳时间,有利于充分发挥围岩自身的承载能力,为软岩巷道支护提供了一种新的支护技术,经济效益和社会效益显著。

8.2 创新点

(1)建立了软岩巷道局部弱支护理论分析模型,推导出巷道在底板 2β 角范围内发生弱支护的情况下所产生的整个巷道围岩应力和位移的解析解。

(2)根据大跨度空间壳体结构的力学原理,设计出三维网壳支架,研制出地面专用加工模具,制定了施工技术要求与加工技术规范。

(3)设计的全封闭三维网壳锚喷结构能够充分发挥材料性能,可缩性好,承载力高,消除了巷道局部弱支护的影响,较好地解决了软岩巷道支护难题。

(4)利用自制的岩石高压蠕变测试系统,完成深部巷道围岩变形演化试验,得到岩石黏、弹、塑性应变特性,蠕变速率变化规律以及围压对岩石蠕变的影响规律。

8.3　展望

（1）深部巷道围岩处于高地应力、高孔隙压力、高温环境中，本书岩石蠕变试验研究只考虑了高应力，没有考虑温度和孔隙水压力等因素的影响，在实际工程中，四季温差变化较大，而且水往往是造成巷道硐室围岩失稳破坏的不利因素，因此有必要进一步研究这些因素对围岩蠕变的影响。

（2）理论分析中，弯矩在壳体内力中占一定比例，在支护结构设计中一定要注意。为了防止弯曲拉应力过大而造成混凝土结构的破坏，可采用复合力学和损伤力学等方法对钢筋混凝土结构进一步分析，使理论分析结果更接近实际情况。

（3）三维网壳支架在地面加工成形后，尺寸不能随意改变，那么在井下安装时对巷道的光爆效果要求较严格，所以该结构显得不够灵活，需要进一步改善。

参 考 文 献

[1] 孙钧.地下工程设计理论与实践[M].上海:上海科学技术出版社,1996.

[2] 慕向伟.煤炭开采概论[M].成都:西南交通大学出版社,2014.

[3] 薛顺勋,聂光国,姜光杰,等.软岩巷道支护技术指南[M].北京:煤炭工业出版社,2002.

[4] WANG J X,LIN M Y,TIAN D X,et al. Deformation characteristics of surrounding rock of broken and soft rock roadway[J]. Mining science and technology,2009,19(2): 205-209.

[5] ITO F,NAKAHARA F,KAWANOR,et al. Visualization of failure in a pull-out test of cable bolts using X-ray CT[J]. Construction and building materials,2001,15(5/6): 263-270.

[6] HOLMØY K H,AAGAARD B. Spiling bolts and reinforced ribs of sprayed concrete replace concrete lining[J]. Tunnelling and underground space technology,2002,17(4): 403-413.

[7] LI C C. Rock support design based on the concept of pressure arch[J]. International journal of rock mechanics and mining sciences,2006,43(7):1083-1090.

[8] SONG H W,LU S M. Repair of a deep-mine permanent access tunnel using bolt,mesh and shotcrete[J]. Tunnelling and underground space technology,2001,16(3):235-240.

[9] GUAN Z C,JIANG Y J,TANABASI Y,et al. Reinforcement mechanics of passive bolts in conventional tunnelling[J]. International journal of rock mechanics and mining sciences,2007,44(4):625-636.

[10] BEARD M D,LOWE M J S. Non-destructive testing of rock bolts using guided ultrasonic waves[J]. International journal of rock mechanics and mining sciences,2003, 40(4):527-536.

[11] KULATILAKE P H S W,WU Q,YU Z X,et al. Investigation of stability of a tunnel in a deep coal mine in China[J]. International journal of mining science and technology,2013, 23(4):579-589.

[12] LIU C R. Distribution laws of in situ stress in deep underground coal mines[J]. Procedia engineering,2011,26:909-917.

[13] 钱七虎.深部岩体工程响应的特征科学现象及"深部"的界定[J].东华理工学院学报, 2004,27(1):1-5.

[14] 李海燕,刘玉萍,秦佳之,等.煤矿深井开采的合理经济深度研究[J].地下空间与工程学报,2008,4(4):645-648.

[15] 谢和平,周宏伟,薛东杰,等.煤炭深部开采与极限开采深度的研究与思考[J].煤炭学报,2012,37(4):535-542.

[16] 汤元元,菅从光,张晓磊,等.高温矿井极限开采深度[J].煤矿安全,2010(3):30-32.

[17] 罗时金,王新丰,刘锋,等.深井开采面临的关键问题及技术对策[J].煤炭技术,2014,33(11):309-311.

[18] 孙钧,张德兴,张玉生.深层隧洞围岩的粘弹:粘塑性有限元分析[J].同济大学学报,1981,9(1):15-22.

[19] 陈宗基,闻萱梅.膨胀岩与隧洞稳定[J].岩石力学与工程学报,1983,2(1):1-10.

[20] 王仁,梁北援,孙荀英.巷道大变形的粘性流体有限元分析[J].力学学报,1985,17(2):97-105.

[21] 朱维申,王平.节理岩体的等效连续模型与工程应用[J].岩土工程学报,1992,14(2):1-11.

[22] 华安增.矿山岩石力学基础[M].北京:煤炭工业出版社,1980.

[23] 于学馥,郑颖人,刘怀恒,等.地下工程围岩稳定性分析[M].北京:煤炭工业出版社,1983.

[24] 李世平.岩石力学简明教程[M].徐州:中国矿业学院出版社,1986.

[25] 周维垣.高等岩石力学[M].北京:水利电力出版社,1990.

[26] 于学馥.轴变论[M].北京:冶金工业出版社,1960.

[27] 于学馥,等.地下工程围岩稳定性分析[M].北京:冶金工业出版社,1993.

[28] 袁文伯,陈进.软化岩层中巷道的塑性区与破碎区分析[J].煤炭学报,1986(3):77-86.

[29] 刘夕才,林韵梅.软岩巷道弹塑性变形的理论分析[J].岩土力学,1994,15(2):27-36.

[30] 刘夕才,林韵梅.软岩扩容性对巷道围岩特性曲线的影响[J].煤炭学报,1996,21(6):596-601.

[31] 付国彬.巷道围岩破裂范围与位移的新研究[J].煤炭学报,1995,20(3):304-310.

[32] 范文,俞茂宏,孙萍,等.硐室形变围岩压力弹塑性分析的统一解[J].长安大学学报(自然科学版),2003,23(3):1-4.

[33] 蒋斌松,张强,贺永年,等.深部圆形巷道破裂围岩的弹塑性分析[J].岩石力学与工程学报,2007,26(5):982-986.

[34] 李忠华,官福海,潘一山.基于损伤理论的圆形巷道围岩应力场分析[J].岩土力学,2004,25(增刊):160-163.

[35] 焦春茂,吕爱钟.粘弹性圆形巷道支护结构上的荷载及其围岩应力的解析解[J].岩土力学,2004,25(增刊):103-106.

[36] 张梅英,袁建新,李廷芥,等.单轴压缩过程中岩石变形破坏机理[J].岩石力学与工程学报,1998,17(1):1-8.

[37] 韩立军,贺永年,蒋斌松,等.环向有效约束条件下破裂岩体承载变形特性分析[J].中国矿业大学学报,2009,38(1):14-19.

[38] 赵兴东,李元辉,刘建坡,等.基于声发射及其定位技术的岩石破裂过程研究[J].岩石力学与工程学报,2008,27(5):990-995.

[39] 刘远明,夏才初.基于岩桥力学性质弱化机制的非贯通节理岩体直剪试验研究[J].岩石力学与工程学报,2010,29(7):1467-1472.

[40] 任建喜,惠兴田.裂隙岩石单轴压缩损伤扩展细观机理 CT 分析初探[J].岩土力学,2005,26(增刊):48-52.

[41] 吴立新,王金庄,孟顺利.煤岩损伤扩展规律的即时压缩 SEM 研究[J].岩石力学与工程学报,1998,17(1):9-15.

[42] 尤明庆,苏承东.砂岩孔道试样压拉应力下强度和破坏的研究[J].岩石力学与工程学报,2010,29(6):1096-1105.

[43] 范鹏贤,王明洋,钱七虎.深部非均匀岩体卸载拉裂的时间效应和主要影响因素[J].岩石力学与工程学报,2010,29(7):1389-1396.

[44] 朱维申,陈卫忠,申晋.雁形裂纹扩展的模型试验及断裂力学机制研究[J].固体力学学报,1998,19(4):355-360.

[45] MICHELIS P. True triaxial cyclic behavior of concrete and rock in compression[J]. International journal of plasticity,1987,3(3):249-270.

[46] 周家文,杨兴国,符文熹,等.脆性岩石单轴循环加卸载试验及断裂损伤力学特性研究[J].岩石力学与工程学报,2010,29(6):1172-1183.

[47] 满轲,周宏伟.不同赋存深度岩石的动态断裂韧性与拉伸强度研究[J].岩石力学与工程学报,2010,29(8):1657-1663.

[48] RAYNAUD S,NGAN-TILLARD D,DESRUES J,et al. Brittle-to-ductile transition in Beaucaire marl from triaxial tests under the CT-scanner[J]. International journal of rock mechanics and mining sciences,2008,45(5):653-671.

[49] 许东俊,耿乃光.岩体变形和破坏的各种应力途径[J].岩土力学,1986,7(2):17-25.

[50] 尹光志,李贺,鲜学福,等.工程应力变化对岩石强度特性影响的试验研究[J].岩土工程学报,1987,9(2):20-28.

[51] HUDSON J A.岩石力学原理[J].岩石力学与工程学报,1989,8(3):252-268.

[52] 李天斌,王兰生.卸荷应力状态下玄武岩变形破坏特征的试验研究[J].岩石力学与工程学报,1993,12(4):321-327.

[53] 吴刚.完整岩体卸荷破坏的模型试验研究[J].实验力学,1997,12(4):549-555.

[54] 代革联,李新虎.岩石加卸荷破坏细观机理 CT 实时分析[J].工程地质学报,2004,12(1):104-108.

[55] 刘红岗.岩石卸荷破坏特性的三轴试验研究[D].徐州:中国矿业大学,2007.

[56] 何满潮,段庆伟,张晗,等.复杂构造条件下煤矿上覆岩体稳定规律[M]//中国 CSRM 软岩工程专业委员会第二界学术大会论文集.北京:煤炭工业出版社,2000.

[57] 段庆伟,何满潮,张世国.复杂条件下围岩变形特征数值模拟研究[J].煤炭科学技术,2002,30(6):55-58.

[58] 孔德森,蒋金泉,范振忠,等.深部巷道围岩在复合应力场中的稳定性数值模拟分析[J].山东科技大学学报(自然科学版),2001,20(1):68-70.

[59] 刘传孝,王同旭,杨永杰.高应力区巷道围岩破碎范围的数值模拟及现场测定的方法研

究[J].岩石力学与工程学报,2004,23(14):2413-2416.

[60] 李树清,王卫军,潘长良.深部巷道围岩承载结构的数值分析[J].岩土工程学报,2006,28(3):377-381.

[61] 杨超,陆士良,姜耀东.支护阻力对不同岩性围岩变形的控制作用[J].中国矿业大学学报,2000,29(2):170-173.

[62] 王卫军,李树清,欧阳广斌.深井煤层巷道围岩控制技术及试验研究[J].岩石力学与工程学报,2006,25(10):2102-2107.

[63] 陈宗基,康文法,黄杰藩.岩石的封闭应力、蠕变和扩容及本构方程[J].岩石力学与工程学报,1991,10(4):299-312.

[64] 张向东,李永靖,张树光,等.软岩蠕变理论及其工程应用[J].岩石力学与工程学报,2004,23(10):1635-1639.

[65] 王祥秋,杨林德,高文华.软弱围岩蠕变损伤机理及合理支护时间的反演分析[J].岩石力学与工程学报,2004,23(5):793-796.

[66] 何峰,王来贵.圆形巷道围岩的流变分析[J].西部探矿工程,2007(1):139-141.

[67] 范庆忠,李术才,高延法.软岩三轴蠕变特性的试验研究[J].岩石力学与工程学报,2007,26(7):1381-1385.

[68] 万志军,周楚良,马文顶,等.巷道/隧道围岩非线性流变数学力学模型及其初步应用[J].岩石力学与工程学报,2005,24(5):761-767.

[69] 颜海春,王在晖,戚承志.深部隧道围岩的流变[J].解放军理工大学学报(自然科学版),2006,7(5):450-453.

[70] 陶波,伍法权,郭改梅,等.西原模型对岩石流变特性的适应性及其参数确定[J].岩石力学与工程学报,2005,24(17):3165-3171.

[71] 朱珍德,王玉树.巷道围岩流变对巷道稳定性的影响[J].力学与实践,1998,20(1):26-29.

[72] 张良辉,熊厚金,张清.隧道围岩位移的弹塑粘性解析解[J].岩土工程学报,1997,19(4):66-72.

[73] 林育梁.软岩工程力学若干理论问题的探讨[J].岩石力学与工程学报,1999,18(6):690-693.

[74] 朱定华,陈国兴.南京红层软岩流变特性试验研究[J].南京工业大学学报(自然科学版),2002,24(5):77-79.

[75] MARANINI E,BRIGNOLI M. Creep behaviour of a weak rock:experimental charac-ter-ization[J]. International journal of rock mechanics and mining science,1999,36:127-138.

[76] 高延法,范庆忠,崔希海,等.岩石流变及其扰动效应试验研究[M].北京:科学出版社,2007.

[77] 高延法,肖华强,王波,等.岩石流变扰动效应试验及其本构关系研究[J].岩石力学与工程学报,2008,27(增1):3180-3185.

[78] 邵祥泽,潘志存,张培森.高地应力巷道围岩的蠕变数值模拟[J].采矿与安全工程学

报,2006,23(2):245-248.

[79] 柏建彪,王襄禹,姚品.高应力软岩巷道耦合支护研究[J].中国矿业大学学报,2007,36(4):421-425.

[80] 缪协兴.软岩巷道围岩流变大变形有限元计算方法[J],岩土力学,1995,16(2):24-34.

[81] 张玉军,唐仪兴.输水隧洞流变-膨胀性围岩稳定性的有限元分析[J].岩土力学,2000,21(2):159-162.

[82] 徐长洲,陈万祥,郭志昆.软岩蠕变特性的数值分析[J].解放军理工大学学报(自然科学版),2006,7(6):562-565.

[83] 蒋昱州,徐卫亚,王瑞红,等.水电站大型地下洞室长期稳定性数值分析[J].岩土力学,2008,29(增刊):52-58.

[84] 凌贤长,蔡德所.岩体力学[M].哈尔滨:哈尔滨工业大学出版社,2002.

[85] RABCEWICZ L V. The new Austrian tunneling method[J]. Water power,1965(4):19-24.

[86] FAIRHURST C. Deformation, yield, rupture and stability of excavations at great depth[M]//Rock at Great Depth, Maury and Fourmaintraux eds. Rotterdam: A. A. Balkema,1989:1103-1114.

[87] 韩瑞庚.地下工程新奥法[M].北京:科学出版社,1987.

[88] BARTON N,GRIMSTAD E. Rock mass conditions dictate choice between NMT and NATM[J]. Tunnels and tunnelling international,1994(10):39-42.

[89] BROWN E T. Putting the NATM into perspective[J]. Tunnels and tunneling international,1990,13(10):13-17.

[90] 郑雨天,祝顺义,李庶林,等.软岩巷道喷锚网:弧板复合支护试验研究[J].岩石力学与工程学报,1993,12(1):1-10.

[91] 陈丽俊,张运良,马震岳,等.软岩隧洞锁脚锚杆-钢拱架联合承载分析[J].岩石力学与工程学报,2015,34(1):129-138.

[92] 陆家梁.松软岩层中永久洞室的联合支护方法[J].岩土工程学报,1986,8(5):50-57.

[93] 郑雨天.关于软岩巷道地压与支护的基本观点[C]//软岩巷道掘进与支护文集.北京:出版者不详,1985(5):31-35.

[94] 董方庭,等.巷道围岩松动圈支护理论及应用技术[M].北京:煤炭工业出版社,2001.

[95] 董方庭,宋宏伟,郭志宏,等.巷道围岩松动圈支护理论[J].煤炭学报,1994,19(1):21-32.

[96] 何满潮,景海河,孙晓明.软岩工程力学[M].北京:科学出版社,2002.

[97] 何满潮,袁和生,靖洪文,等.中国煤矿锚杆支护理论与实践[M].北京:科学出版社,2004.

[98] 何满潮,等.软岩巷道工程概论[M].徐州:中国矿业大学出版社,1993.

[99] 方祖烈.拉压域特征及主次承载区的维护理论[C]//世纪之交软岩工程技术现状与展望.北京:煤炭工业出版社,1999:48-51.

[100] 何满潮.中国煤矿软岩巷道支护理论与实践[M].徐州:中国矿业大学出版社,1996.

[101] 李庶林,桑玉发.应力控制技术及其应用综述[J].岩土力学,1997,18(1):90-96.

[102] 费文平,张建美,崔华丽,等.深部地下洞室施工期围岩大变形机制分析[J].岩石力学

与工程学报,2012,31(增 1):2783-2787.

[103] 张雪颖,阮怀宁,贾彩虹.岩石损伤力学理论研究进展[J].四川建筑科学研究,2010, 36(2):134-138.

[104] 侯玮,霍海鹰,田端信,等.整合矿采空区掘进巷道围岩综合控制技术研究[J].煤炭工程,2013(1):86-88,92.

[105] 余伟健,高谦.高应力巷道围岩综合控制技术及应用研究[J].煤炭科学技术,2010, 38(2):1-5.

[106] 门冬生.锚杆支护施工工艺及安全技术措施[J].能源与节能,2014(11):128-129.

[107] 李广明.深部高应力松软煤层巷道控制技术研究实践[J].煤炭与化工,2014,37(3): 95-96,99.

[108] 康红普,王金华,林健.高预应力强力支护系统及其在深部巷道中的应用[J].煤炭学报,2007,32(12):1233-1238.

[109] 谢广祥,常聚才.超挖锚注回填控制深部巷道底臌研究[J].煤炭学报,2010,35(8): 1242-1246.

[110] CARTER N L,TSENN M C. Flow properties of continental lithosphere[J]. Tectonophysics,1987,136(1/2):27-63.

[111] TULLIS J,YUND R A. Transition from cataclastic flow to dislocation creep of feldspar:mechanisms and microstructures[J]. Geology,1987,15(7):606-609.

[112] 谢生荣,谢国强,何尚森,等.深部软岩巷道锚喷注强化承压拱支护机理及其应用[J]. 煤炭学报,2014,39(3):404-409.

[113] 曾广尚,王华宁,蒋明镜.流变岩体隧道施工中锚喷支护的模拟与解析分析[J].地下空间与工程学报,2013,9(增刊 1):1536-1542.

[114] MENG Q B,HAN L J,SUN J W,et al. Experimental study on the bolt-cable combined supporting technology for the extraction roadways in weakly cemented strata [J]. International journal of mining science and technology,2015,25(1):113-119.

[115] YAN H,HU B,XU T F. Study on the supporting and repairing technologies for difficult roadways with large deformation in coal mines[J]. Energy procedia,2012, 14:1653-1658.

[116] LIN H F. Study of soft rock roadway support technique[J]. Procedia engineering, 2011,26:321-326.

[117] ZENG X T,JIANG Y D,JIANG C,et al. Rock roadway complementary support technology in Fengfeng mining district[J]. International journal of mining science and technology,2014,24(6):791-798.

[118] LU Y L,WANG L G,ZHANG B. An experimental study of a yielding support for roadways constructed in deep broken soft rock under high stress[J]. Mining science and technology,2011,21(6):839-844.

[119] 方树林,康红普,林健,等.锚喷支护软岩大巷混凝土喷层受力监测与分析[J].采矿与安全工程学报,2012,29(6):776-782.

[120] 康红普,吴拥政,李建波.锚杆支护组合构件的力学性能与支护效果分析[J].煤炭学报,2010,35(7):1057-1065.

[121] 王兰锋.开拓巷道锚网喷联合支护施工工艺[J].山西焦煤科技,2010(4):20-22.

[122] 赵卫东,张再兴.喷锚网支护原理及应用实践[J].有色金属(矿山部分),2010,62(2):17-19.

[123] 罗勇.深井软岩巷道U型钢支架壁后充填技术研究[J].力学季刊,2009,30(3):488-494.

[124] 张宏学,王运臣,胡六欣.巷道金属支架关键加固位置的确定[J].矿业工程研究,2012,27(3):18-22.

[125] 刘建庄,张农,郑西贵,等.U型钢支架偏纵向受力及屈曲破坏分析[J].煤炭学报,2011,36(10):1647-1652.

[126] 邹贤哲.空间钢筋网架的试验研究[J].成都大学学报(自然科学版),1989,8(2):40-47.

[127] 颜治国,戴俊.隧道钢拱架支护的失稳破坏分析与对策[J].西安科技大学学报,2012,32(3):348-352.

[128] 丁枫斌,邵军,王士风.钢筋网架-砼组合结构夹芯墙板受剪试验研究[J].青岛理工大学学报,2007,28(6):31-34.

[129] 张金松,庞建勇,杜晓丽.3维钢筋支架锚喷支护结构试验研究及工程应用[J].四川大学学报(工程科学版),2014,46(6):107-113.

[130] 张金松,庞建勇,杜晓丽.复合锚网支护技术室内试验研究及工程应用[J].煤炭技术,2014,33(9):299-301.

[131] 王飞,刘洪涛,张胜凯,等.高应力软岩巷道可接长锚杆让压支护技术[J].岩土工程学报,2014,36(9):1666-1673.

[132] 李学彬,薛华俊,杨仁树,等.深井破碎软岩巷道支护参数设计研究[J].中国矿业,2013,22(12):79-82.

[133] 孙闯,张向东,李永靖.高应力软岩巷道围岩与支护结构相互作用分析[J].岩土力学,2013,34(9):2601-2607.

[134] 长江水利委员会长江科学院.水利水电工程岩石试验规程:SL/T 264—2020[S].北京:中国水利水电出版社,2020.

[135] 全国国土资源标准化技术委员会.岩石物理力学性质试验规程 第20部分:岩石三轴压缩强度试验[S].北京:中华人民共和国国土资源部,2015.

[136] 侯朝炯,郭励生,勾攀峰,等.煤巷锚杆支护[M].徐州:中国矿业大学出版社,1999.

[137] 康红普.巷道围岩的承载圈分析[J].岩土力学,1996(4):84-89.

[138] 杨耀乾.薄壳理论[M].北京:中国铁道出版社,1981.

[139] 王后裕,朱可善,杜飞.深基坑开口圆柱壳支护结构的内力和变形分析[J].岩土工程学报,2000,22(2):251-253.

[140] 郑雨天.岩石力学的弹塑粘性理论基础[M].北京:煤炭工业出版社,1988.

[141] 崔广心.相似理论与模型试验[M].徐州:中国矿业大学出版社,1990.

[142] 王忠福,刘汉东,王四巍,等.深部高地应力区软岩巷道模型试验及数值优化[J].地下空间与工程学报,2012,8(4):710-715.

[143] 姜耀东,刘文岗,赵毅鑫.一种新型真三轴巷道模型试验台的研制[J].岩石力学与工程学报,2004,23(21):3727-3731.

[144] 贾剑辉,杨树标,郭金伟.钢筋混凝土结构分阶段相似模型试验设计研究[J].结构工程师,2011,27(增刊):95-98.

[145] 林韵梅.实验岩石力学:模拟研究[M].北京:煤炭工业出版社,1984.

[146] 张汝清,詹先义.非线性有限元分析[M].重庆:重庆大学出版社,1990.

[147] 黄象鼎,曾钟钢,马亚南.非线性数值分析[M].武汉:武汉大学出版社,2000.

[148] 孙祥鑫,明士祥,秦帅,等.夜长坪钼矿软岩巷道支护数值模拟研究[J].金属矿山,2013(2):50-52.

[149] 周学斌,冯国海.软岩巷道合理监测监控技术研究[J].煤矿开采,2009,14(6):73-75.

[150] 鲍榴.铁路隧道施工围岩监测信息化平台研究与实现[D].北京:中国铁道科学研究院,2014.